DUOYUAN DUOYU
DIANWANG XIETIAO KONGZHI JISHU

多源多域
电网协调控制技术

国网辽宁省电力有限公司电力科学研究院　编

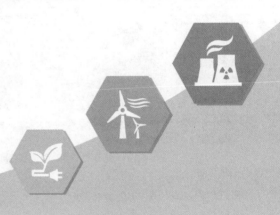

中国电力出版社
CHINA ELECTRIC POWER PRESS

内 容 提 要

电网调度作为电网的重要枢纽以及指挥中心，对于保证电力系统稳定来说是极其重要的，对于清洁能源、储能、以及传统火电共同组成的复杂电网，调度控制面临着许多新的课题以及研究空间。

本书分为 9 章，主要内容包括概述、电网裕度控制技术、频率与有功协调控制技术、低频切负荷技术、水电和火电控制技术、储电控制技术、分布式储热投切技术、储热装置实时控制技术、弃清洁能源序列。

本书可选做电气工程相关专业教学用书，也可供电力系统相关专业的技术人员参考使用。

图书在版编目（CIP）数据

多源多域电网协调控制技术 / 国网辽宁省电力有限公司电力科学研究院编 . —北京：中国电力出版社，2020.8

ISBN 978-7-5198-4553-7

Ⅰ . ①多… Ⅱ . ①国… Ⅲ . ①电力系统调度－协调控制－研究 Ⅳ . ① TM73

中国版本图书馆 CIP 数据核字（2020）第 061950 号

出版发行：中国电力出版社
地 址：北京市东城区北京站西街 19 号（邮政编码 100005）
网 址：http：//www.cepp.sgcc.com.cn
责任编辑：孙 芳（010-63412381）
责任校对：黄 蓓 常燕昆
装帧设计：赵姗衫
责任印制：吴 迪

印 刷：北京天宇星印刷厂
版 次：2020 年 8 月第一版
印 次：2020 年 8 月北京第一次印刷
开 本：787 毫米 × 1092 毫米 16 开本
印 张：9.75
字 数：187 千字
印 数：0001—1000 册
定 价：49.00 元

编委会

前　言

电网调度作为电网的重要枢纽以及指挥中心，对于保证电力系统稳定来说是极其重要的，对于清洁能源、储能，以及传统火电共同组成的复杂电网，调度控制面临着许多新的课题以及研究空间。

本书分为9章，主要内容有：概述、电网裕度控制技术、频率与有功协调控制技术、低频切负荷技术、水电和火电控制技术、储电控制技术、分布式储热投切技术、储热装置实时控制技术、弃清洁能源序列。

第1章主要提出多源多域的控制概念，多源多域的调度控制顺序、控制区间以及临界条件。

第2章为电网裕度控制技术。主要分三种裕度控制来讲述，分别是电压裕度控制方法，负荷裕度控制方法以及调峰裕度控制方法。

第3章主要讲述大电网频率以及电网规模、用电负荷大小之间的数学关系，总结出一定的数学规律。

第4章介绍了低频的产生原因及其危害，以及由此引出的低频产生后的切负荷方法。包括序列法、等级法和最优策略法，并通过算法分析和设计仿真系统模型进行实例演算。

第5章主要讲述传统调度控制在新型电网下的控制升级以及概念的更新。

第6章对储电种类以及投入作用的介绍，进而引出储能电池的控制模式，并对其调峰、调频调压、波动平抑、跟踪计划出力和孤岛运行控制模式进行说明。

第7章介绍了分布式电储热协调控制，其投入有利于减小负荷曲线的峰谷差，能够保证电储热的有效合理投入，保证电网安全经济运行。

第8章介绍协调储能系统与柔性负荷，提出了柔性负荷参与的一种AGC的调度控制方法，保证负荷用电量需求，提高了系统的运行效益，增强了系统对新能源的消纳能力。

第9章主要针对储能、储热制热装置的控制以及对于舍弃清洁能源的调度控制逻辑思路。

本书可选做电气工程相关专业教学用书，也可供电力系统相关专业的技术人员参考。本书在内容上有不当之处，还请广大读者指正。感谢辽宁省电力有限公司"大规模电储热参与调峰辅助服务市场的可持续运营机制研究(2018YF-15)"对本书的支持。

编者

目　录

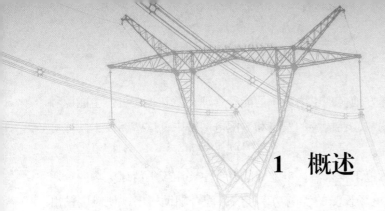

1 概述

1.1 背景及意义

近年来，我国能源结构显著优化，为推动能源革命、保护生态环境发挥了重要作用。到 2016 年年底，可再生能源发电装机容量达 5.7 亿 kW，约占全部电力装机的 35%；非化石能源利用量占到一次能源消费总量的 13.3%，比 2010 年提高了 3.9%。目前，我国水电、风电、光伏发电装机容量已稳居全球首位。

水电持续扩容。2017 年底总装机约 3.4 亿 kW，年发电量超过 1.1 万亿 kWh。5 年间，我国开工和投产了金沙江溪洛渡、向家坝等一批 300 万 kW 以上的大型水电站。其中，溪洛渡水电站装机规模居世界第三位。

风电领跑全球。2012 年以来，我国新增风电装机容量连续 4 年居世界第一。截至 2016 年年底，风电累计新增装机容量 8758 万 kW，成为煤电、水电之后的第三大电源。

光伏发电快速扩大。自 2013 年起，连续 4 年新增装机容量超过 1000 万 kW。2016 年年底，我国光伏发电累计装机容量达 7742 万 kW，连续两年保持全球第一。

核电跻身大国行列。2017 年 7 月 31 日，中国核能行业协会发布了我国今年上半年核电运行报告。报告显示，截至 6 月 30 日，我国投入商业运行的核电机组共 36 台，运行额定装机容量达到 34718.16MW，在建机组规模位居世界第一。

对于辽宁电网，截至 2016 年 10 月底，全省发电装机容量达 4578.74 万 kW。其中，清洁能源装机占比已达 15.81%，发展速度高于全国平均水平。2016 年前 10 月，全省水电、核电、风电和光伏发电量分别同比增长 79.91%、34.15%、11.93% 和 164.67%，远远超过火电的 0.76%。

目前，虽然我国可再生能源产业增长势头强劲，但消纳困难，仍然面临重大现实问题。电网在接纳各类清洁能源发电时必须付出相应的代价，部分地区由于当地缺乏灵活调节的电源使得电网接纳能力不足，出现弃风、弃光、限电问题，造成大量资源浪费。我国三北（西北、华北、东北）地区电源结构单一，缺乏足够灵活的调节电源，在间歇性可再生能源消纳方面，问题更加突出。作为可再生发电资源，光伏和风电的装机在经历快速发展的同时，面临着弃风、弃光和可再生能源并网消纳困难等一系列问题。经过十多年的发展，储能已经被认为是解决这些问题的关键技术。储能技术在包括电力系统在内的多个领域中具有广泛的用途，近年来世界范围内的电力工业重组给各种各样的储能技术带来了新的发展机遇，采用这些技术可以更好地实现电力系统的能量管理，尤其是在可再生能源和分布式发电领域，这种作用尤为明显，在传统的发电和输配电网络中，这些新技术同样可以得到应用。

从国外储能与风电场结合的示范工程来看，电池储能系统主要用于平滑风电场的短期（数十分钟以下）波动，或根据风电场预测的发电功率曲线，配合辅助输出，使风电输出与事先预测接近一致，提高风力风电的输出可靠度。可见，钠硫电池、全钒液流电池、锂电池储能技术在风电、光伏等清洁能源电站有较好的应用前景。

ABB 公司的 Fabian Hess 在其报告中对储能系统的应用做了概述，给定储能系统的额定功率和额定容量后，根据地区是否可以建设抽水蓄能系统，从经济角度给出了储能系统的最佳选择。分析可知，化学储能在应用范围上要大于抽水蓄能系统，但在大功率及大容量储能系统选择上，抽水蓄能系统的建设具有更好的经济性，如果地区不能建设抽水蓄能系统，相同情况下，钠硫电池系统、全钒液流电池系统及铅酸电池系统将具有较高的经济性。

1.2 多源多域理论研究的提出

1.2.1 多源多域控制顺序的提出

辽宁省调可控制的电源与负荷类型有 8 种，辽宁地区可以调度控制的主要有水火电，储能设备（储能电池、储热设备），以及清洁能源（风、光、水、核），而电储热系统只有在冬季供热期才能投入运行，所以只研究冬季供热期的电源负荷调度与控制序列。

水电的优势明显，具备清洁、可再生、发电效率高、运维成本低、机组投入退出速度快等特点，同时水利大坝建成后再形成人工湖泊，有利于防洪抗旱等。但其同样具有缺点，比如建设成本高，容量受水势地形限制，对生态也产生一定负面影响。火电厂布局灵活，装机容量的大小可按需要决定，一次性建造投资少，仅为水电厂的一半左右，建造工期短，发电设备的年利用小时数较高。火电厂耗煤量大，生产成本比水力发电高出3~4 倍，火力发电在用水、燃料输送、环境保护等方面有其限制。不考虑大气污染、温排水、噪声等保护环境因素，效率对额定输出而言，输出愈低，其发电效率降低愈明显。东北地区冬季水电资源匮乏，水电发电量较小，因此采用水火电共同调度控制，保证其全部发电功率上网，仅在电源过剩，且清洁能源已经全部舍弃，除了水电和火电之外再无可调余地时候对其进行上网限制。其控制调度放在第一级。

电储热是负荷，与电源发电功率调节呈反趋势，当电网需要减发电功率适应负荷时，可以投入电储热，通过增加负荷的方式来维持电源与负荷的平衡，相反必要时可以通过降低负荷的方式来维持电源与负荷的平衡。

电池储能在电网中属于双向设备，当处于充电状态时，属于负荷设备，将电能转化为化学能源；当处于放电状态时，属于电源设备，将化学能源转化为电能。目前辽宁电网中电池容量较小。

电储热是电能供热系统，清洁环保，而且功率转化效率较高，能够稳定在97%左右，尤其可以利用弃风电，是未来供热发展的方向，电池相比其储能效率偏低，成本高，因此储能电池应在储热装置后进行调度控制。

电网频率波动与负荷的频率特性有关。所谓负荷的频率特性，就是系统负荷随系统频率变化的规律。电力系统各种负荷，有的与频率无关，如照明；有的与频率成正比，如压缩机；有的与频率的二次方成正比，如变压器中的涡流损耗；有的与频率的三次方成正比，如通风机；有的与频率的更高次方成正比。负荷频率特性可如式（1-1）所示，称为电力系统的负荷频率特性方程。

$$P_L = a_0 P_{LN} + a_1 P_{LN}(f/f_N) + a_2 P_{LN}(f/f_N)^2 + a_3 P_{LN}(f/f_N)^3 + \cdots + a_n P_{LN}(f/f_N)^n \qquad (1-1)$$

式中：f_N 为额定频率；P_L 为系统频率为 f 时，整个系统的有功负荷；P_{LN} 为系统频率为 f_N 时，整个系统的有功负荷；a_0，a_1，$\cdots$，a_n 为占 P_{LN} 的比例系数。

当前国家规定允许的频率偏移范围为（50 ± 0.2）Hz，国家电网公司规定实际中允许的频率偏移范围为（50 ± 0.1）Hz。在大电网中，负荷较大，组成因素较多，在较小的频率变化范围内，负荷的频率特性呈线性关系，如图1-1所示。

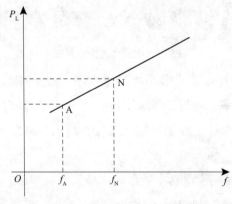

图1-1 负荷的频率特性曲线

图1-1中，横轴 x 为频率；纵轴 y 为负荷值；N 点为额定时负荷运行点；A 点为下降后负荷运行点；f_N 为系统额定频率；P_N 为系统额定负荷；f_A 为负荷下降后的频率；P_A 为改变后的系统负荷值。

频率特性曲线中的斜率 K_L 称为负荷的频率调节效应系数，即

$$K_{\mathrm{L}} = (P_{\mathrm{N}} - P_{\mathrm{A}})/(f_{\mathrm{N}} - f_{\mathrm{A}}) = \Delta P_{\mathrm{L}}/\Delta f \qquad (1\text{--}2)$$

式中：ΔP_{L} 为负荷变化量；Δf 为频率变化量。

理想情况下，电网频率应该稳定在 50Hz，为更好地接纳清洁能源，可以牺牲部分电网频率。依照上次计算，以及实际运行情况，东北电网频率变化 0.1Hz，负荷与发电功率间的不平衡功率为 85 万 kW 左右，在控制序列中将频率空间列为第 5 级。当减发电功率时，先电储热和电池全部投入，仍然需要减发电功率，应先坚持频率接近 50.1Hz 后，再开始减清洁能源。

1.2.2　多源多域控制区的提出

多源多域控制区域如图 1-2 所示。

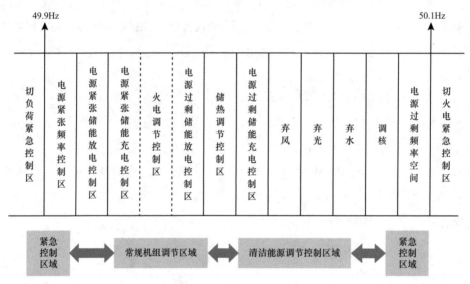

图 1-2　多源多域控制区域图

辽宁地区具有多种电源形式，根据发电功率顺序，将控制区域主要分为 6 个部分，即切负荷紧急控制区域、频率空间控制区域、传统能源控制区域、储能控制区域、清洁能源控制区域以及紧急切火电机组控制区域，并且为其功率特性制定了发电功率调度控制顺序。

按照上一节所提出的控制发电功率顺序，当减发电功率时，依次是切负荷紧急控制，频率空间（此时频率应保持在 49.9Hz）、火电正常调节区、储能调度控制（储电和储热）、清洁能源控制区域（核电正常调节控制、弃风控制区域、弃光控制区域、弃水区域、弃核区域）、频率空间 2（此时频率应保持在 50.1Hz）、切火电紧急控制。当增加发电功率时，其控制顺序与减发电功率时顺序正相反。

在负荷用电量很大时，此时清洁能源全部上网，火电已无上调范围。为保证供电的可靠性，将负荷按照重要程度的先后对其进行切除，此区域即为切负荷紧急控制区域。

此时火电无可调余度,清洁能源全部上网,为了保证电力系统的供电可靠性,不对电力一级负荷进行限制,将电力系统的频率控制在49.9Hz左右,此时即可保证在不切负荷的情况下对其连续供电,此区域即为电源不足频率空间区域。

电力系统负荷较小时,此时火电具有调节能力,即可以保证所有电力负荷的供电持续性,通过调节火电机组发电功率来保证供电与用电的功率平衡,此区域即为火电正常调节区域。

在储热控制区域中,其主要是通过控制储热装置将电能转化为热能对用户进行供热。储热装置的投入在某种程度上起到了"填谷"的作用。此时火电发电在允许最小发电限制左右。

由于时期不同,同一地区的用电量会有比较明显的部分,例如东北地区的四季变化。电池区域的充电放电控制顺序也会因此有不同的调整。在电紧张时期火电调节区域中,在调节火电之前应先利用电池储能在上一时段所存储的电能,以便在火电有可用余量时进行充电,保证电力系统的灵活调度。用电紧张时期当电源具有可调余度时,先对电池储能装置进行充电,负荷量突增时电池可以作为电源起到一定的"削峰"的作用。当电力系统电源过剩时期时,若此时用电量有所上升时,应先控制电池放电功率,保证电池所存储的电能全部放出,以便在用量较小时对其进行充电,保证电池的灵活调度此区域即为电源过剩期间储电放电区域,在储能电池全部投入后再提高火电发电功率,在用电量有所下降时,应先进行储热设备的投入,当用电量不断下降时,应先将放电完全的电池组进行充电,此时储能设备作为电力负荷投入电网,此区域即为电源过剩期间的储电放电区域。

当用电量求不很大时,火电已在发电下限此时无下调余度,不得不对清洁能源发电量进行限制,按照上一节控制顺序所示,应首先对核电进行限制,这边是核电正常调节区域。在核电正常调节时,对其发电功率进行限制至额定发电功率的80%左右,若此时已经仍供电量过大,为保证电力系统的稳定,就进入了下一个控制区域:电力系统电源过剩频率空间。

电力系统正常频率为50Hz,由频率与有功功率关系可得,发电量大于用电量时,系统频率会按照一定的数学关系上升。为保证清洁能源上网量,尽量减少清洁能源舍弃现象,将系统频率控制在50.1Hz左右,若供电量依旧大于负荷所需电量,此时进入弃风区域,当风电全部离网后,对光伏进行舍弃,由于水电发电量不像风光那样波动以及预测准确性有待提高,因此最后进行弃水控制。若仍然供大于求,则对核电进行限制,对核电发电量进行调整。

此时所有的清洁能源已经全部离网,火电已经在处理下限,储热全部投入,电池也全部充电动作,若仍然不能保证供电以及用电平衡,则进入最后的区域:紧急切火电机组控制区域。

1.2.3 控制区域内各种能源形式的功率平衡及临界条件

1. 切负荷紧急控制区及临界条件

在此控制区域内，全部用电负荷的供电量无法满足，需要对用户进行限制，在控制区域内，通过供电缺额判断停电量数目。在控制区域边界条件下，为保证供电可靠性，切掉负荷量为该区域下的停电量极限，此时电力系统频率为 49.9Hz，储能电池组全部处于电池放电状态。边界条件为

$$\int_{t_0}^{t_1} (P_{f1} + P_{G,a} + P_{C,g} + P_{cl,b} + P_{w,d} + P_{v,k} + P_{s,c})\mathrm{d}t + \int_{t_0}^{t_2} P_{DS,i}\mathrm{d}t = \int_{t_0}^{t_1} P'_{D,e}\mathrm{d}t$$

$$P_G = P_{G\max}$$

$$P_s = P_{s\max}$$

$$P_w = P_{w\max}$$

$$P_{cl,b} = P_{cl\max}$$

$$P_v = P_{v\max}$$

$$P_s = P_{s\max}$$

$$t_2 = \delta \cdot t_{ES.soc} + (1-\delta) \cdot t_1$$

$$P_{c,g\min} \leqslant P_{c,g} \leqslant P_{c,g\max}$$

式中：P_{f1} 为电源紧张频率控制区；$P_{G,a}$ 为第 a 台火电厂的发电功率；$P_{C,g}$ 为第 g 个联络线上的传输功率；$P_{cl,b}$ 为第 b 个核电厂发电功率；$P_{w,d}$ 为 d 个风电厂发电功率；$P_{v,k}$ 为第 k 台光伏发电功率；$P_{s,c}$ 为第 c 个水电厂发电功率；$P_{DS,i}$ 为第 i 台蓄电池组的放电功率；δ 为充电状态，$\delta=1$ 则积分时间大于电池可充电时间，$\delta=0$ 则积分时间小于电池可充电时间。

此时电力系统频率在 49.9Hz。

2. 电源不足的频率空间

此时，火电装置已经全部满发发电功率，再无可调节上限，为保证能够满足所有用户的用电量需求，不得不对频率进行限制，电力系统在正常情况下频率的标准值为 50.0Hz，上下浮动不得超过 0.2Hz，在此控制区域内将电力系统频率控制在 49.9Hz 附近，由频率与有功功率的数学关系可得，频率标准的降低相当于等效发电量有所增加，在此控制区域下，通过对有功功率的不足，对标准频率进行降低，边界状态下，频率已经下降至最低值，为 49.9Hz，此时电池处于全部放电状态。边界条件为

$$\int_{t_0}^{t_1} (P_{G,a} + P_{C,g} + P_{cl,b} + P_{w,d} + P_{v,k} + P_{s,c})\mathrm{d}t + \int_{t_0}^{t_2} P_{DS,i}\mathrm{d}t = \int_{t_0}^{t_1} P_{D,e}\mathrm{d}t$$

$$P_G = P_{G\max}$$

$$P_s = P_{s\max}$$

$$P_w = P_{w\max}$$

$$P_{cl} = P_{cl\max}$$

$$P_{\mathrm{v}} = P_{\mathrm{vmax}}$$

$$P_{\mathrm{s}} = P_{\mathrm{smax}}$$

$$t_2 = \delta \cdot t_{\mathrm{DS.soc}} + (1-\delta) \cdot t_1$$

$$P_{\mathrm{c,gmin}} \leq P_{\mathrm{c,g}} \leq P_{\mathrm{c,gmax}}$$

式中：$t_{\mathrm{DS.soc}}$ 为电池可放电时间；δ 为充电状态，$\delta=1$ 则积分时间大于电池可充电时间，$\delta=0$ 则积分时间小于电池可充电时间。

在此边界条件下，此时电力系统频率在标准频率 50.0Hz。

电池储能的充放电，以及投入退出与用电量有关。在东北地区，四季用电量有明显不同，夏季炎热用电量明显上升，而秋冬会出现电源过剩的情况。针对这种情况，将电池分为有点紧张时期的电池充放电调度以及电源过剩时期的电池充放电调度控制。

3. 电源紧张的电储能放电空间

电源紧张时期，为保证电池的灵活调度，当火电量已经达到额定发电功率上限时，为保证供电的持续不间断，电池可以作为电源将上一时刻的电能放出，减缓电源发电紧张的情况，起到"削峰"的作用，减缓发电量峰谷差，在边界条件的情况下电池放电功率为零，所有电储能单元全部不投入，在此边界条件下电力系统的频率为 50Hz，边界条件为

$$\int_{t_0}^{t_1}(P_{\mathrm{G},a}+P_{\mathrm{C},g}+P_{\mathrm{cl},b}+P_{\mathrm{w},d}+P_{\mathrm{v},k}+P_{\mathrm{s},c})\mathrm{d}t = \int_{t_0}^{t_1}P_{\mathrm{D},e}\mathrm{d}t$$

$$P_{\mathrm{G}} = P_{\mathrm{Gmax}}$$

$$P_{\mathrm{s}} = P_{\mathrm{smax}}$$

$$P_{\mathrm{w}} = P_{\mathrm{wmax}}$$

$$P_{\mathrm{v}} = P_{\mathrm{vmax}}$$

$$P_{\mathrm{cl}} = P_{\mathrm{clmax}}$$

$$P_{\mathrm{c,gmin}} \leq P_{\mathrm{c,g}} \leq P_{\mathrm{c,gmax}}$$

此时电力系统频率在标准频率 50.0Hz。

4. 电源紧张情况下储能充电控制区域

用电紧张时期储能的充电控制与放电控制类似，在用电量有所下降时，此时电力系统具有可调裕度，先将电池充电，以备在电源供电紧张时期的下一个用电高峰放电，保证用电量与发电量的平衡，若电池已经全部投入，在边界条件下，火力发电量开始下调，火电量已经降至最低下限，再无下调裕度，若供电量仍然偏高则进入电储热投入控制区。在此边界条件下电力系统的频率为 50Hz，边界条件为

$$\int_{t_0}^{t_1}(P_{\mathrm{G},a}+P_{\mathrm{C},g}+P_{\mathrm{cl},b}+P_{\mathrm{w},d}+P_{\mathrm{v},k}+P_{\mathrm{s},c})\mathrm{d}t = \int_{t_0}^{t_1}P_{\mathrm{D},e}\mathrm{d}t + \int_{t_0}^{t_2}P_{\mathrm{ES},i}\mathrm{d}t$$

$$P_{\mathrm{G}} = P_{\mathrm{Gmin}}$$

$$P_{\mathrm{s}} = P_{\mathrm{smax}}$$

$$P_{\mathrm{w}} = P_{\mathrm{wmax}}$$

$$P_{cl} = P_{cl\,max}$$

$$P_v = P_{v\,max}$$

$$P_h = P_{h\,max}$$

$$t_2 = \delta \cdot t_{ES.soc} + (1-\delta) \cdot t_1$$

$$P_{c,gmin} \leqslant P_{c,g} \leqslant P_{c,gmax}$$

式中：$P_{ES,i}$ 为第 i 个电池组充电功率；$t_{ES.soc}$ 为电池可充电时间；δ 为充电状态，$\delta=1$ 则积分时间大于电池可充电时间；$\delta=0$ 则积分时间小于电池可充电时间；$P_{D,e}$ 为第 e 个储热单元的储热功率。

此时电力系统频率在 49.9Hz。

5. 火电调节控制区

在火电调节区域，电源的充足与否影响着临界条件的变换。

电源紧张时期时，火力发电具有可调裕度时，现将储能电池充满电，若此时火电发电量仍过剩，则对火电发电量进行调节，使其保证电力系统的供电量平衡，此时的火力发电具有上调裕度和下调裕度，发电较为灵活，当用电量不断走低时，将电池投入。在此边界条件下电力系统的频率为50Hz，边界条件为

$$\int_{t_0}^{t_1} (P_{G,a} + P_{C,g} + P_{cl,b} + P_{w,d} + P_{v,k} + P_{s,c})\mathrm{d}t = \int_{t_0}^{t_1} P_{D,e}\mathrm{d}t + \int_{t_0}^{t_2} P_{ES,i}\mathrm{d}t$$

$$P_G = P_{Gmin}$$

$$P_s = P_{s\,max}$$

$$P_w = P_{w\,max}$$

$$P_{cl} = P_{cl\,max}$$

$$P_v = P_{v\,max}$$

$$t_2 = \delta \cdot t_{ES.soc} + (1-\delta) \cdot t_1$$

$$P_{c,gmin} \leqslant P_{c,g} \leqslant P_{c,gmax}$$

在电源过剩时期，由于电池的调度控制方案是不同的，此时临界条件也不相同，在用电量逐渐变大的情况下，为保证储能电池的灵活调度控制，应将电池内存储的电能进行释放，以便下一时刻电源过剩时进行储能动作，具有"填谷"的作用，此时系统频率为50Hz。

在电源过剩时期，储能电池的充放电控制调整为电储热装置的两端，当火电已在发电下限，此时用电量上升时，先将电池上一时刻存储电量放出，以便发电量过剩需要电池投入。在用电量持续走低时，为保证清洁能源的全部上网，首先将储热投入再将储能电池投入，当无可用裕度时不得不进入清洁能源舍弃区域，对其进行限制上网。边界条件为

$$\int_{t_0}^{t_1} (P_{G,a} + P_{C,g} + P_{cl,b} + P_{w,d} + P_{v,k} + P_{s,c})\mathrm{d}t + \int_{t_0}^{t_2} P_{DS,i}\mathrm{d}t = \int_{t_0}^{t_1} P_{D,e}\mathrm{d}t$$

$$P_G = P_{Gmin}$$

$$P_s = P_{smax}$$

$$P_w = P_{wmax}$$

$$P_{cl} = P_{clmax}$$

$$P_v = P_{vmax}$$

$$t_2 = \delta \cdot t_{DS.soc} + (1-\delta) \cdot t_1$$

$$P_{c,gmin} \leqslant P_{c,g} \leqslant P_{c,gmax}$$

此时电力系统频率在 50.0Hz。

6. 电源过剩储能放电控制区

在此区域下火电保持在发电功率下限，储能电池投入放电，以保证负荷有所增加时快速投入保证供电可靠性，减少火电调节次数。极限条件下，用电量较少火电保持在发电下限，电池不投入即可保证供需平衡，边界条件为

$$\int_{t_0}^{t_1} (P_{G,a} + P_{C,g} + P_{cl,b} + P_{w,d} + P_{v,k} + P_{s,c}) \mathrm{d}t = \int_{t_0}^{t_1} P_{D,e} \mathrm{d}t$$

$$P_G = P_{Gmin}$$

$$P_s = P_{smax}$$

$$P_w = P_{wmax}$$

$$P_{cl} = P_{clmax}$$

$$P_v = P_{vmax}$$

此时电力系统频率在 50.0Hz。

7. 储热调节控制区

用电量持续走低，此时清洁能源全部上网，为保证清洁能源消纳量，首先将效率较高的电储热设备投入，极限条件即储热装置全部投入，其边界条件为

$$\int_{t_0}^{t_1} (P_{G,a} + P_{C,g} + P_{cl,b} + P_{w,d} + P_{v,k} + P_{s,c}) \mathrm{d}t = \int_{t_0}^{t_1} P_{D,e} \mathrm{d}t + \int_{t_0}^{t_3} P_{H,j} \mathrm{d}t$$

$$P_G = P_{Gmin}$$

$$P_s = P_{smax}$$

$$P_w = P_{wmax}$$

$$P_{cl} = P_{clmax}$$

$$P_v = P_{vmax}$$

$$P_H = P_{Hmax}$$

$$t_3 = \beta \cdot t_{H.soc} + (1-\beta) \cdot t_1$$

$$P_{c,gmin} \leqslant P_{c,g} \leqslant P_{c,gmax}$$

式中：$P_{H,j}$ 为第 j 台储热装置的储热功率；β 为电储热状态，$\beta=1$ 则积分时间大于电池可储热时间，$\beta=0$ 则积分时间小于电池可储热时间；$P_{D,e}$ 第 e 个储热单元的储热功率。

此时电力系统频率在 50.0Hz。

8. 电池充电控制区区域及临界条件

在此控制区域内，用电量不大，火电已经在其发电下限，清洁能源全部投入，储能装置中，储热装置保持在最大功率运行，电池储能按需求量进行投入作为负荷，平衡剩余发电量。极限条件为全部电池投入进入放电状态。临界条件为

$$\int_{t_0}^{t_1} (P_{G,a} + P_{C,g} + P_{cl,b} + P_{w,d} + P_{v,k} + P_{s,c})\,\mathrm{d}t$$
$$= \int_{t_0}^{t_1} P_{D,e}\,\mathrm{d}t + \int_{t_0}^{t_3} P_{H,j}\,\mathrm{d}t + \int_{t_0}^{t_2} P_{ES,i}\,\mathrm{d}t$$
$$P_{G} = P_{G\min}$$
$$P_{s} = P_{s\max}$$
$$P_{w} = P_{w\max}$$
$$P_{cl} = P_{cl\max}$$
$$P_{v} = P_{v\max}$$
$$P_{H} = P_{H\max}$$
$$t_3 = \beta \cdot t_{H.soc} + (1-\beta) \cdot t_1$$
$$t_2 = \alpha \cdot t_{ES.soc} + (1-\alpha) \cdot t_1$$
$$P_{c,g\min} \leqslant P_{c,g} \leqslant P_{c,g\max}$$

式中：$P_{ES,i}$ 为第 i 个电池组充电功率；$t_{ES.soc}$ 为电池可充电时间；$P_{H,j}$ 为第 j 台储热装置的储热功率；β 为电储热状态，$\beta=1$ 则积分时间大于电池可储热时间，$\beta=0$ 则积分时间小于电池可储热时间；$P_{D,e}$ 第 e 个储热单元的储热功率。

此时电力系统频率在 50.0Hz。

9. 调核控制区

在调节控制区内，通过对核电的调节保证用户用电量与发电量相平衡。对核电的调节不得超过额定发电功率的 20%，否则其为弃核控制区域，与控制原则不符，极限条件为

$$\int_{t_0}^{t_1} (P_{G,a} + P'_{d,g} + P_{w,d} + P_{v,k} + P_{s,c} + P_{C,b})\,\mathrm{d}t = \int_{t_0}^{t_1} P_{D,e}\,\mathrm{d}t + \int_{t_0}^{t_3} P_{H,j}\,\mathrm{d}t + \int_{t_0}^{t_2} P_{ES,i}\,\mathrm{d}t$$
$$P_{G} = P_{G\min}$$
$$P_{s} = P_{s\max}$$
$$P_{w} = P_{w\max}$$
$$P_{v} = P_{v\max}$$
$$P_{H} = P_{H\max}$$
$$t_3 = \beta \cdot t_{H.soc} + (1-\beta) \cdot t_1$$
$$t_2 = \alpha \cdot t_{DS.soc} + (1-\alpha) \cdot t_1$$
$$P_{c,g\min} \leqslant P_{c,g} \leqslant P_{c,g\max}$$

式中：$P_{H,j}$ 为第 j 台储热装置的储热功率；β 为电储热状态，$\beta=1$ 则积分时间大于电池可储热时间，$\beta=0$ 则积分时间小于电池可储热时间；$P_{D,e}$ 第 e 个储热单元的储热功率。

此时电力系统频率在 50.0Hz。

10. 电源过剩的频率空间

此频率空间与上一频率空间相类似，上一节为满足发电量对频率的微降，而此时发电量过剩，以清洁能源最大消纳量为前提，为保证清洁能源全部消纳，此时储能储热装置都已经投入，不得不对频率在标准范围内对其进行微升。极限条件为将频率控制在最高允许频率上限左右，50.1Hz，边界条件为

$$\int_{t_0}^{t_1}(P_{G,a}+P'_{cl,g}+P_{w,d}+P_{v,k}+P_{s,c}+P_{C,b})\mathrm{d}t$$

$$=\int_{t_0}^{t_1}P_{D,e}\mathrm{d}t+\int_{t_0}^{t_3}P_{H,j}\mathrm{d}t+\int_{t_0}^{t_2}P_{ES,i}\mathrm{d}t+\int_{t_0}^{t_1}P_{f2}\mathrm{d}t$$

$$P_G=P_{Gmin}$$

$$P_s=P_{smax}$$

$$P_w=P_{wmax}$$

$$P_v=P_{vmax}$$

$$P_H=P_{Hmax}$$

$$t_3=\beta\cdot t_{H.soc}+(1-\beta)\cdot t_1$$

$$t_2=\alpha\cdot t_{ES.soc}+(1-\alpha)\cdot t_1$$

式中：P_{f2} 为电源过剩时频率表控制区。

此时电力系统频率在 50.1Hz。

11. 弃风控制区

在此控制区域内，由于所有储能设备均已投入，发电量仍然过剩，不得不对清洁能源上网电量进行控制，减小风电渗透率。极限条件是将风电量全部舍弃以保证电力系统的可靠性。临界条件为

$$\int_{t_0}^{t_1}(P_{G,a}+P'_{cl,g}+P_{v,k}+P_{s,c}+P_{C,b})\mathrm{d}t$$

$$=\int_{t_0}^{t_1}P_{D,e}\mathrm{d}t+\int_{t_0}^{t_3}P_{H,j}\mathrm{d}t+\int_{t_0}^{t_3}P_{f2}\mathrm{d}t+\int_{t_0}^{t_2}P_{ES,i}\mathrm{d}t$$

$$P_G=P_{Gmin}$$

$$P_s=P_{smax}$$

$$P_v=P_{vmax}$$

$$P_H=P_{Hmax}$$

$$t_3=\beta\cdot t_{H.soc}+(1-\beta)\cdot t_1$$

$$t_2=\alpha\cdot t_{ES.soc}+(1-\alpha)\cdot t_1$$

$$P_{c,gmin}\leqslant P_{c,g}\leqslant P_{c,gmax}$$

此时电力系统频率在 50.1Hz。

12. 弃光控制区

同理，负荷用电量过低不得不对光伏上网量进行限制，极限条件下为光伏发电量全部

舍弃，此时临界条件为

$$\int_{t_0}^{t_1} (P_{G,a} + P_{cl,g}' + P_{s,c} + P_{C,b}) \mathrm{d}t$$

$$= \int_{t_0}^{t_1} P_{D,e} \mathrm{d}t + \int_{t_0}^{t_3} P_{H,j} \mathrm{d}t + \int_{t_0}^{t_1} P_{f2} \mathrm{d}t + \int_{t_0}^{t_2} P_{ES,i} \mathrm{d}t$$

$$P_G = P_{Gmin}$$

$$P_s = P_{smax}$$

$$P_H = P_{Hmax}$$

$$t_3 = \beta \cdot t_{H.soc} + (1-\beta) \cdot t_1$$

$$t_2 = \alpha \cdot t_{ES.soc} + (1-\alpha) \cdot t_1$$

$$P_{c,gmin} \leqslant P_{c,g} \leqslant P_{c,gmax}$$

此时电力系统频率在 50.1Hz。

13. 弃水控制区

在弃水控制区域中，对水电发电量进行限制，极限条件下，水电发电量为 0，边界条件为

$$\int_{t_0}^{t_1} (P_{G,a} + P_{cl,g}' + P_{C,b}) \mathrm{d}t = \int_{t_0}^{t_1} P_{D,e} \mathrm{d}t + \int_{t_0}^{t_3} P_{H,j} \mathrm{d}t + \int_{t_0}^{t_1} P_{f2} \mathrm{d}t + \int_{t_0}^{t_2} P_{ES,i} \mathrm{d}t$$

$$P_G = P_{Gmin}$$

$$P_H = P_{Hmax}$$

$$t_3 = \beta \cdot t_{H.soc} + (1-\beta) \cdot t_1$$

$$t_2 = \alpha \cdot t_{ES.soc} + (1-\alpha) \cdot t_1$$

$$P_{c,gmin} \leqslant P_{c,g} \leqslant P_{c,gmax}$$

此时电力系统频率在 50.1Hz。

14. 弃核区

此时上网功率只有部分核电，火电最小发电功率下限以及联络线上的传输功率，极限情况下核电全部舍弃边界条件为

$$\int_{t_0}^{t_1} (P_{G,a} + P_{c,g}) \mathrm{d}t = \int_{t_0}^{t_1} P_{D,e} \mathrm{d}t + \int_{t_0}^{t_3} P_{H,j} \mathrm{d}t + \int_{t_0}^{t_1} P_{f2} \mathrm{d}t + \int_{t_0}^{t_2} P_{ES,i} \mathrm{d}t$$

$$P_G = P_{Gmin}$$

$$P_H = P_{Hmax}$$

$$t_3 = \beta \cdot t_{H.soc} + (1-\beta) \cdot t_1$$

$$t_2 = \alpha \cdot t_{ES.soc} + (1-\alpha) \cdot t_1$$

$$P_{c,gmin} \leqslant P_{c,g} \leqslant P_{c,gmax}$$

此时电力系统频率在 50.1Hz。

15. 紧急切火电控制区

此时不得不切除部分火电机组保证发电量不过剩，极限条件是舍弃所有可以舍弃的火

电机组，当负荷用电量为零时，所有发电形式均不发电，这只是理想情况，边界条件为

$$\int_{t_0}^{t_1} (P_{G,a}' + P_{c,g}) \mathrm{d}t = \int_{t_0}^{t_1} P_{D,e} \mathrm{d}t + \int_{t_0}^{t_3} P_{H,j} \mathrm{d}t + \int_{t_0}^{t_1} P_{f1} \mathrm{d}t + \int_{t_0}^{t_2} P_{ES,i} \mathrm{d}t$$

$$P_G = P_{G\min}'$$

$$P_H = P_{H\max}$$

$$t_3 = \beta \cdot t_{H.\text{soc}} + (1-\beta) \cdot t_1$$

$$t_2 = \alpha \cdot t_{ES.\text{soc}} + (1-\alpha) \cdot t_1$$

$$P_{c,g\min} \leqslant P_{c,g} \leqslant P_{c,g\max}$$

此时电力系统频率在 50.1Hz。

1.3 本章小结

目前，多种形式的电源以及用电负荷对电网调度提出了新的要求，如何合理组合各个电源的发电功率情况，以及按照怎样的投入顺序最合理是本章主要研究的重点。本章提出了多源多域的概念，主要介绍了各电源发电功率序列，并解释了为何进行这种发电功率限制排序的原因；其次本章介绍了多源多域下主要的五个控制大区域，即传统控制区域、储能控制区域、清洁能源控制区域、频率控制区域以及紧急控制区域；此外，还详细阐述了在各个控制区域内功率平衡方程式和各个控制边界之间的临界条件，为后面的研究做铺垫。

2 电网裕度控制技术

在电力系统中，为了保证系统的安全性，各个指标往往留有一定裕度如电压裕度、负荷裕度等。在下一次需要调节时能够迅速对其进行作用。电网裕度主要有以下优点：

通过电网裕度分析，可以从对电网状况的定性了解分析上升为定量分析，从而更加清楚直观地了解电网运行的现状，发现电网中存在的问题，研究如何进行网络调整或运行方式调整可以取得最佳效果。通过电网裕度分析，更重要的是可以使决策者了解电网现状，还有多少裕度可作为调节用，以缓解电能供需矛盾。

电网裕度分析最重要的意义在于收集准确、翔实的基础资料，为电网规划工作提供真实可信的依据，为来年迎峰度夏措施计划的编制做好准备，保证各类电网项目落点准确、有效。

由于电网裕度分析只是对某个时刻电网运行状况的分析，还要考虑时间因素对负荷的影响，以及对电网裕度的影响，如季节变化、周循环、法定假日及传统假日。季节变化中气温的升高对电力负荷的影响最大，要重点关注持续高温对负荷的影响。年高峰负荷往往出现在夏季，应进一步分析探讨居民用电负荷中空调负荷的总量和增长变化趋势。

根据不同特性的负荷各自在总的用电负荷中所占的比例，分析各类负荷对总负荷的影响情况，找出其中对总负荷影响最大的负荷。由于不同行业不同性质负荷的高峰负荷出现的时刻不同，有意识地将不同类型的负荷人口居民、商业和工业负荷）接在同一台变压器或同一条线路上，这将有效地提高设备的利用率，增大电网的裕度。对于居民负荷比例较高的线路，还应进一步分析配电变压器的裕度，以及负荷调整的可能性。

在电网裕度分析时，还应关注电力系统的管理政策对负荷的影响，如高峰时段拉电、限电、错峰措施的实施，可中断负荷企业的试点，负荷侧管理及电价政策因素的影响等。

通过电网裕度分析，找出电网的可靠性和经济性两个指标最佳平衡点。电网安全可靠运行要有一定的裕度来保证，在经济发展较快的区域，适度加快电网建设的进度，可以保证经济性和可靠性两个指标较好地实现。

根据电网裕度分析的结果，结合地方经济发展的情况，考虑局部电网的不适应性，考虑电网的调整。

2.1 裕度控制方法

2.1.1 电压裕度

在实际应用中经常用两种裕度指标来反映稳定程度，即负荷裕度指标和电压裕度指标。电压裕度指标并不总是与系统承受负荷增长能力相对应，而负荷裕度指标是电网承受负荷增长能力的表征，是一种广为接受的指标，其物理意义明确，负荷裕度的大小直接反映了当前系统承受负荷及故障扰动、维持电压稳定能力的大小。

电压稳定裕度是电力系统静态电压稳定性分析中的一个重要指标，是指从当前运行点出发，按给定方向增长负荷直至电压崩溃，则在功率注入空间中，当前运行点与电压崩溃点之间的距离即可作为度量当前电力系统电压稳定水平的一个性能指标，简称为裕度指标。相对于其他状态指标而言，裕度指标具有线性度好、直观、易于理解等优点，成为目前应用最广泛的静态电压稳定性指标，很多技术人员对该指标进行了研究。在电力系统中，影响电压稳定裕度的因素有很多，其中有功功率和无功功率的分布都会对其产生影响。此外，负荷数量的改变也会对其产生影响。如果要研究电压稳定裕度，就需要研究能反应出其变化的指标。到目前为止，研究人员发现和使用的指标有奇异值、灵敏度、和特征值等。对于电压稳定裕度的求解方法也有很多，近年来研究人员经常用的方法有灵敏度法、潮流法及奇异值法等。

如图 2-1 所示，当前系统的运行点是 P_{LO}，表示当前系统的负荷。P_{cr} 对应着系统电压崩溃的临界点，即代表系统所能承受的极限负荷量。$P_{\text{cr}}-P_{\text{LO}}$ 即为该系统的静态电压稳定负荷裕度。

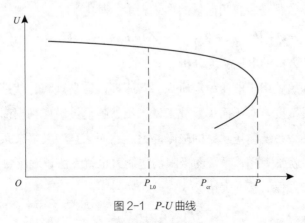

图 2-1 *P-U* 曲线

同样，也可以定义系统的相对负荷裕度为

$$L = \frac{P_{\text{Cr}} - P_{\text{LO}}}{P_{\text{LO}}} \tag{2-1}$$

从图 2-1 中可以看出，当系统的负荷裕度较大时，系统的电压水平也较高；同样，当系统接近电压崩溃临界点时，系统裕度很小，系统电压水平也相应下降。利用此电压稳定评价指标，可以很清楚地表示出系统电压稳定水平。

（1）基于戴维南方法的电压裕度分析。

在分析研究电力网稳定性时，很多时候需要根据研究目的，选择性地选取网络中有利于研究目的的端口，并以此端口为基础来观察该网络的具体状况。通常情况下，从该端口向电力系统看进去，可以将此系统网络简化为一个等值电压源或电流源。另外，为了保证化简的网络的各等值参数值的准确，必须保证在等值网络和等值前的网络中，从同一个端口向网络看进去所等效部分电压、电流各数值都是相同的，这便是所谓的戴维南等值。

对电力系统进行潮流分析时，根据戴维南等值原理可以将电力系统等效为一个简单的模型，就是由内电势 $\dot{E}_s$、内阻抗 Z_s 以及等值电压 $\dot{U}_L$、阻抗 Z_L 四部分组成的模型，其等效模型如图 2-2 所示。

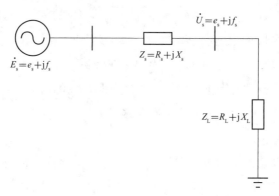

图 2-2　戴维南等效电路

图 2-2 中所有参数都是由直角向量的形式表示。其中

$$\dot{E}_s = e_s + jf_s,\ Z_s = R_s + jX_s,\ Z_L = R_L + jX_L,\ \dot{U}_L = e_L + jf_L \tag{2-2}$$

（2）基于灵敏度方法的电压裕度分析。

灵敏度法从一开始就用于电压稳定研究，其原理很容易理解，就是计算在某种扰动下系统变量对扰动的灵敏度。对于简单系统来说，虽然各类灵敏度判据都可以达到相同的目的，就是能够准确反映系统输送功率的极限能力。然而一旦涉及复杂系统，根据不同的灵敏度判据得出的结果就不一样，系统的极限输送能力也就无法正确反映。

电力系统的潮流方程的基本表达形式为

$$f(x,u,p) = 0 \tag{2-3}$$

式中：x 为状态变量；u 为控制变量；p 为参数。

对方程进行全微分可以得到

$$\Delta f = \frac{\partial f}{\partial x}\Delta x + \frac{\partial f}{\partial u}\Delta u + \frac{\partial f}{\partial p}\Delta p \qquad (2-4)$$

可以表示为

$$\Delta x = -\left[\frac{\partial f}{\partial u}\right]^{-1}\frac{\partial f}{\partial u}\Delta u - \left[\frac{\partial f}{\partial u}\right]^{-1}\frac{\partial f}{\partial u}\Delta u = S_{xu}\Delta u + S_{xp}\Delta p \qquad (2-5)$$

式中：S_{xu} 为状态 x 对 u 的灵敏度；S_{xp} 为状态变量 X 对 p 的灵敏度。

基本潮流方程式为

$$\begin{bmatrix} \Delta P \\ \Delta Q \end{bmatrix} = \begin{bmatrix} J_{P\theta} & J_{P\theta} \\ J_{Q\theta} & J_{QV} \end{bmatrix}\begin{bmatrix} \Delta\theta \\ \Delta V \end{bmatrix} = J \cdot \begin{bmatrix} \Delta\theta \\ \Delta V \end{bmatrix} \qquad (2-6)$$

式中：θ 为电压角度向量；V 为电压幅值向量；P 为有功向量；Q 为无功向量。

从式（2-6）可以看出有功功率和无功功率的数值都对系统的电压稳定性有着影响。把有功功率看做常数，有 $\Delta P=0$，得到

$$\Delta Q = \left[J_{QV} - J_{Q\theta}J_{P\theta}^{-1}J_{PV}\right]\Delta V = J_R\Delta V$$
$$\Delta V = J^{-1}\Delta Q \qquad (2-7)$$

（3）基于奇异值分解法的电压裕度分析。

奇异值分解法就是以潮流雅各布矩阵 J 的最小奇异值作为电压稳定性的指标。这个方法最早由维尼可夫提出，通过列写的雅可比矩阵行列式的符号来分析被研究系统是稳定的还是不稳定的。最小奇异值能够有效表示有功和无功功率的注入情况的。

（4）电压稳定的 CPF 方法。

由于常规潮流方程在极限点附近不能可靠收敛，无法得到精确的电压稳定崩溃点，而连续潮流法正是解决这一问题的有效工具，它可以克服接近稳定运行极限时的收敛问题。因此，连续潮流得到了广泛的应用。该方法在模拟系统负荷缓慢增加的过程中不断求解潮流方程，从而得到系统中节点电压随负荷变化的 P-U 曲线。由于负荷增加足够缓慢，整个仿真过程中始终假设系统处于稳态，所以连续潮流法研究的是电压稳定的静态表现。

连续潮流法的关键在于选择合理的连续化参数以保证临界点附近的收敛性，此外，它还引入预测、校正及步长调整等机制，以减少计算次数。连续潮流法在 P-U 曲线的每一点反复迭代，计算出准确的潮流，所以能得到准确的 P-U 曲线信息，并能考虑各种非线性控制及一定的不等式约束条件，具有很好的鲁棒性。

连续潮流的模型一般为

$$f(x) + \lambda b = 0 \qquad (2-8)$$

式中：$x \in R^n$，$f(x)$ 为 n 维函数向量；b 为负荷增长方向，$b \in R^n$；λ 为实参变量，从物理的角度，它实际上在一定程度上代表着系统的负荷水平。

连续潮流法求解 P-U 曲线、进行电压稳定裕度分析，主要包括参数连续化、预测、

校正和步长控制 4 个关键环节。参数连续化的结果就是在基础上增加一个方程，从而使雅可比矩阵增加一阶，扩展后的雅可比矩阵在临界点处仍然是良态的，因此就可以计算得到临界点的电压。预测环节就是提供 P-U 曲线上后续潮流计算点的方向，通过步长控制环节确定预测点的位置，好的预测和步长控制可以尽可能地减少潮流计算的迭代次数，加快计算速度。而校正环节就是利用预测环节提供的结果求出 P-U 曲线上一个准确的潮流解。

通过连续潮流计算 P-U 曲线的具体步骤如下：

1）初始化，通过潮流计算求取初始状态的潮流解；

2）根据前一步潮流结果预测后续节点的方向；

3）遵循一般原则，在 P-U 曲线的平坦部分取大步长，而在接近极限点的地方取小步长；

4）用改进的潮流方程对步骤 2）和步骤 3）得到的预测值进行校正，得到新负荷水平下的准确电压解；

5）判断是否满足终比条件，若满足则终止，否则转步骤 2）直至满足终比条件得到系统的 P-U 曲线。

2.1.2　负荷裕度

负荷裕度作为度量电力系统电压稳定水平的性能指标，反映了系统承受负荷及故障扰动时，维持电压稳定的能力。随着电网规模不断扩大、可再生能源大规模并网、需求侧响应广泛应用，影响负荷裕度计算精度和效率的不确定因素越来越多。如何在全国联网和可再生能源大规模并网背景下，实现电力系统负荷裕度的快速、准确计算，对电力系统静态稳定在线评估具有重要意义。当前，计算电力系统负荷裕度主要采用连续潮流法和直接法。系统当前运行点沿负荷增长方向，采用预测—校正方法追踪系统的静态电压稳定临界点，进而计算出系统的负荷裕度。该方法在计算过程中需不断变换连续性参数，以克服雅可比矩阵奇异的难题；且在求解大规模系统时，计算量较大，占用内存较多，因而计算效率较低。此外，步长选择也是一个难点，较小的步长易增加计算耗时，而较大的步长会降低计算精度。

（1）直接法。

直接法根据电压稳定临界点处潮流雅可比矩阵奇异，且零特征值对应的特征向量不为 0 的特点，构造一组表征电压稳定临界点性质的非线性方程组，然后采用牛顿法求解该方程组，进而计算出系统的负荷裕度。该方法原理简单，且在计算负荷裕度的同时，可根据雅可比矩阵零特征值的特征向量，有效甄别出系统电压稳定关键节点。但直接法需求解的方程组维数是原潮流方程维数的两倍，因而计算量较大。

在电力系统电压稳定临界点处，系统潮流雅可比矩阵奇异，且该处零特征值对应的特

征向量不为 0，根据上述特点可构造一组表征电压稳定临界点性质的非线性方程组（含参数的潮流方程），即

$$\begin{cases} P_{Li} = P_{Li0} + \lambda k_{Pi} \\ Q_{Li} = Q_{Li0} + \lambda k_{Qi} \\ P_{Gi} = P_{Li0} + \lambda k_{Gi} \end{cases} \tag{2-9}$$

式中：$f : R^n \times R$，$X \in R^n$，代表各节点电压的幅值与相角；$n = n_{pv} + 2n_{pQ}$ 分别为系统中 PV、PQ 节点的个数；$\lambda \in R$ 表示系统的负荷裕度。

采用直接法计算系统负荷裕度就是采用牛顿法求解式这一非线性方程组的过程，其修正方程为

$$\begin{bmatrix} f_x & 0 & f_\lambda \\ f_{xx} \cdot g & f & 0 \\ 0 & e_P^T & 0 \end{bmatrix} \cdot \begin{bmatrix} \Delta x \\ \Delta g \\ \Delta \lambda \end{bmatrix} = - \begin{bmatrix} f(x, \lambda) \\ f_x \cdot g \\ 0 \end{bmatrix} \tag{2-10}$$

式中：$f_{xx} \cdot g \in R_{n \times n}$，其第 m 行、第 l 列的元素可以表示 $\sum\limits_{k=1}^{n} \left(\dfrac{\partial^2 f_m}{\partial x_i \partial x_k} \cdot g_k \right)$；$e_P^T$ 表示除第 p 个元素为 l 外，其余均为 0 元素的单位行向量。

可得 Δx、Δg 和 $\Delta \lambda$，然后按按下式对变量 x，g 和 λ 进行修正。

$$\begin{cases} x^{k+1} = x^k + \Delta x^k \\ g^{k+1} = g^k + \Delta g^k \\ \lambda^{k+1} = \lambda^k + \Delta \lambda^k \end{cases} , \quad k = 0,1,2 \tag{2-11}$$

将修正后的 x、g 和 λ 代入式（2-10），判断是否满足收敛条件 $\|f(x, \lambda)\| < \varepsilon$ 和 $\|f_x \cdot g\| < \varepsilon$（$\varepsilon$ 为收敛阈值）。若满足，求得的 λ 即为系统的负荷裕度；若不满足，将修正后的变量 x，g 和 λ 代入重复迭代过程，直至满足收敛条件，计算出负荷裕度为止。

（2）考虑 N-1 静态电压稳定约束的电力负荷裕度算法。

1）获得系统的当前状态。

2）选择预想事故集，可由故障自动选择程序得到。

3）采用的方法确定导致系统负荷裕度最小的断线故障（关键支路）及其对应的负荷裕度最小的支路（有效支路）。

4）根据形成扩展潮流方程，将关键支路断线后对应的有效支路作为约束加入潮流方程，并设定该有效支路的静态电压稳定指标值。由于在静态电压稳定裕度极限点，最脆弱支路的静态电压稳定指标只是接近于 0，并不一定能达到 0，并且在系统负荷增加过程中有效支路可能发生转移，故本步骤中将有效支路的静态电压稳定指标数值指定为 L_{VSI}^{Limit} 增广潮流方程如下：

$$\begin{bmatrix} \Delta P \\ \Delta Q \\ \Delta L_{\mathrm{VSI}}^{\mathrm{Limit}} \end{bmatrix} = \begin{bmatrix} \partial P/\partial \delta & \partial P/\partial V & \partial P/\partial \lambda \\ \partial Q/\partial \delta & \partial Q/\partial V & \partial Q/\partial \lambda \\ \partial L_{\mathrm{VSI}}^{\mathrm{Limit}}/\partial \delta & \partial L_{\mathrm{VSI}}^{\mathrm{Limit}}/\partial V & \partial L_{\mathrm{VSI}}^{\mathrm{Limit}}/\partial \lambda \end{bmatrix} \begin{bmatrix} \Delta \delta \\ \Delta V \\ \Delta \lambda \end{bmatrix} \qquad (2-12)$$

5）计算负荷裕度。

6）判断有效支路是否发生转移；若转移则重新选择有效支路并转向步骤4），否则转向步骤8）。

7）判断前后2次计算的负荷裕度差值是否低于门槛值 λ_{th}，若低于 λ_{th} 则转向步骤8），否则返回步骤4）。

8）投入断线支路，判断预想故障集合的关键支路是否发生转移，若发生转移，则转向步骤4），否则转向步骤9）。

9）采用连续潮流计算负荷裕度。

10）输出结果。

（3）电力系统负荷裕度快速算法。

图2-3所示给出了程序流程，其中步骤解释如下：①获得系统的当前状态，可由状态估计器或在线潮流求得。②计算支路静态电压稳定指标。③确定系统的关键支路。④形成扩展潮流方程。⑤计算负荷裕度。⑥重新计算支路静态电压稳定指标。⑦选择关键支路，判断系统关键支路是否发生转移，若发生转移则转向步骤④；否则转向步骤⑧。⑧判

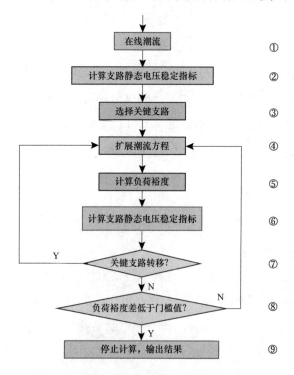

图2-3 负荷裕度算法逻辑框图

断前后两次计算的负荷裕度差值是否低于门槛值 λ_{th}，若高于 λ_{th} 则转向步骤④，否则转向步骤⑨。⑨停止计算，输出计算结果。

2.1.3 调峰裕度

基于 2016 年辽宁省风电、负荷实测分钟级数据，对等效负荷波动特性进行分析。其 365 天等效负荷日时序曲线如图 2-4 所示。

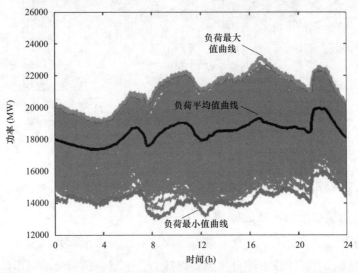

图 2-4　365 天等效负荷日时序曲线

与图 2-2 对比可知，等效负荷日时序曲线较负荷日时序曲线分布分散，主要分布在 14000~22000MW 之间。全年等效负荷最大值为 2319.1 万 kW，较全年负荷最大值减小 49.2 万 kW，全年等效负荷最小值为 1300.1 万 kW，较全年负荷最小值减小 108.2 万 kW，平均值为 1845.7 万 kW，较全年负荷平均值减小 110.2 万 kW。负荷低谷时段和高峰时段未变，仍为 2~6 点和 16~23 点，见表 2-1。

表 2-1　　　　　　　　　　　　　负荷与等效负荷对比

项目	最大值（万 kW）	最小值（万 kW）	平均值（万 kW）	分布区间（万 kW）	低谷时段	高峰时段
负荷	2368.3	1408.3	1955.9	1700 ~ 2100	2~6 点	16~23 点
等效负荷	2319.1	1300.1	1845.7	1400 ~ 2200	2~6 点	16~23 点

等效负荷功率波动曲线如图 2-5 所示。负荷峰谷差随风电装机容量增加而逐渐增大，且增大的比例是非线性的，当辽宁省风电装机达到 10000MW 时，最大日等效负荷峰谷差为 7919MW，可见，随着风电装机容量增大，等效负荷峰谷差趋于饱和状态，所以即使辽宁省风电装机容量继续增加，但对系统的影响力趋于一定程度，便也达到饱和。

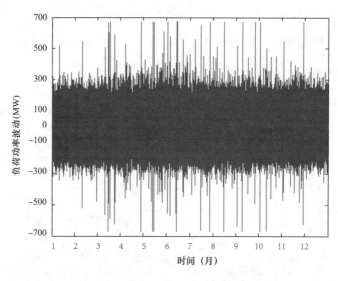

图 2-5 等效负荷功率波动曲线

调峰是限制系统接纳风电能力的一个主要因素，由于近些年倡导风力发电，风电在系统中的渗透率逐渐上升。风电的波动性和不确定性使得风电具有反调峰的特性，这要求电网必须具有足够的调峰能力，才能平抑风电波动消纳风电发电功率。当风电并入电网后，对系统的调峰需求超出了系统本身具有的调峰能力时，便会出现弃风现象。分析风电接入电网后系统的调峰需求，计算系统自身的调峰能力，是掌握电网消纳风电能力的前提，也是保障风电的充分利用以及电网的稳定经济运行的基础。大规模风电的集中并网也为电网的稳定运行带来了包括系统潮流、电压、稳定、电能质量、调峰等问题，制约了电网的风电消纳能力，导致风电弃风问题的出现。如何合理规划风电并网容量，解决风电消纳难题成为国内风电并网各省调度机构最为关心的问题。在调度实际运行中弃风的原因主要有两种：①风电功率超过了相关稳定断面的功率输送极限，必须限制风电发电功率，使断面输送功率在稳定限额之内；②电网调峰限制风电，在调峰困难时段调度人员不得不通过限制风电发电功率来保证电网电力平衡。辽宁电网近几年风电调度实践证明，目前电网调峰限风电是制约风电消纳能力的最主要因素，调峰限风电电量占到全部风电限电电量的 80%以上。

通过动态正负旋转备用和等效日负荷曲线，以总运行成本最小为目标建立风电并网协调优化调度模型。在模型的优化过程中不断对旋转备用和弃风量进行修正，直到获得同时满足调峰裕度需求和运行成本最优的解，从而较好地协调系统运行可靠性、经济性与风电利用效益三者之间的矛盾。

利用蓄热技术改变热电厂参与调峰增加调峰裕度。

冬季是供热的重要季节，也是风力发电的高峰。这就给电网调峰带来了困难，即：供热机组几乎不能参与调峰，电网调峰裕度低；风力发电量大必然带来更大的调峰需求，这正是目前各大电网急需解决的关键问题。各电网目前广泛应用的方式是增加调节裕度大的抽水蓄能机组以及调节速度快的燃气机组。

供热机组在纯凝工况可以进行深度调峰，以 300MW 机组为例（见表 2-2），在纯凝工况可以至少 50% 调峰，即可以有 150MW 的容量参与调峰。然而在最大供热状态下，为了保证供热抽汽量，负荷变化范围明显缩小。通过 300MW 机组相关参数可以看出，450t/h 抽气量时能够调节量为 15MW，500t/h 抽气量时不能调节。

表 2-2　　　　　　　　　　　　　某发电公司机组热点数据

机组额定电负荷（MW）		300
机组额定热负荷 (GJ·h^{-1})		1260
采暖期电负荷下限与额定电负荷比值 (%)		50
热电关系数据		
采暖抽汽流量（t·h^{-1}）	电负荷下限（MW）	电负荷上限（MW）
0	130	300
100	150	285
120	160	280
200	180	275
250	200	270
300	210	260
350	220	255
400	225	250
450	230	245
500	230	230

通过对热电厂供热以及电网调峰情况的长期了解，可以发现蓄热技术完全可以利用在转变热电厂运行方式中，扩大热电厂冬季调峰裕度。但是，前提是电网及供热集团对于发电集团新增蓄热装置的相应补偿。机组进行深度调峰时，可以参与调峰的总负荷量大，接纳新能源（风电、光电）入网的能力强。可见，机组深度调峰对新能源接入电网的重要意义。

针对上述问题，提出新的蓄热利用调峰方法通过在供热高峰来临之前进行必要的供热蓄热，当供热高峰来临的时候机组完全不供热，由蓄热装置进行放热，而机组进行纯凝工况调峰。本方式增加了供热季火电机组参与电网调峰的总负荷量，能够使电网尽可能多地接纳新能源入网，并且避免了供热火电机组在参与调峰过程中，降低负荷带来的机组安全以及寿命的影响。

2.2 裕度的工程实际应用

2.2.1 大规模清洁能源并网下的裕度分析

目前高比例接入清洁能源的电网，裕度是指电网在正常调节时，水电、火电、联络线、可时移负荷和频率的调节裕度。它可以用来表示电网灵活调节能力。无调节裕度，电网进入异常调节。异常调节预度是火电机组非常规调峰和储能投入的裕度，异常调节有调节裕度，则电网仍有接纳清洁能源的能力；没有异常调节裕度，则电网进入紧急控制域。紧急控制的初始调节预度是核电的调节裕度，核电没有调节裕度时，只有弃风电。如何对这些具有调节能力的多源与多荷进行量化是目前研究的重点。

电网正常调节主要以水电、火电、联络线和频率为主。火电是最常规的电源，其正常调节能力为其运行上限与下限的差值，设 P_{GM} 为火电机组的最大发电能力，通常是额定功率；P_{Gm} 为火电机组的最小发电能力，不同机组、不同时期，其值不同，通常是额定容量的 50%。所以，一旦火电机组组合确定，P_{GM} 和 P_{Gm} 即为确定值，火电运行曲线 $P_G(t)$ 就要求在 P_{GM} 和 P_{Gm} 之间运行。

火电的正常调节裕度 δ_G 可表示为

$$\delta_G = \sum_{k=1}^{m}\left(P_G - P_{GK}\right) \tag{2-13}$$

式中：m 为火电厂数量。

火电机组非常规调峰能力为

$$\delta_{Gf} = \sum_{k=1}^{m}\left(P_G - P_{Glk}\right) \tag{2-14}$$

式中：P_{Glk} 为火电机组深度调峰下限。

水电具有一样的调节计算公式，即

$$\delta_W = \sum_{k=1}^{N}\left(P_W - P_{Wk}\right) \tag{2-15}$$

式中：P_{wk} 为水电发电功率下限，通常为零；N 为水电机组数。

联络线 P_C 下调发电功率裕度为

$$\delta_c = P_c - P_{Cm} \tag{2-16}$$

式中：P_{Cm} 为联络线下调下限。

频率上调裕度为

$$\delta_f = P_{fM} - P_f \tag{2-17}$$

式中：P_{fM} 为频率上限。

由式（2-13）-式（2-15）可知，P_G 和 P_{Wm}，越小，δ_G 和 δ_W 越大，电网调节能力越强；对于水电机组，不考虑经济性时，其 P_{Wm} 基本为零，不需考虑。现阶段对于 P_{Gm}，的研究越来越多，各发电厂都采取了积极的措施，例如通过建立电锅炉、改造低压缸、改造旁路、改造双背压和减温减压等，这些都大幅降低了火电机组的最小发电功率，有的个别机组甚至可降到零。由式（2-16）和式（2-17）可以看出，δ_c 越小越好，而 δ_f 则需要根据负频特性确定。

对于由电网控制的大容量电储热装置，通常都安装在热电厂内，是按电网调控指令投切的，调度通常在检测到常规调节能力丧失后，会根据电网当前运行状态，决定是否投入电储热装置。电储热功率 P_r 表达式为

$$P_r = \sum_{k=1}^{r} P_r$$

式中：r 为储热单元数。

电储热调节裕度 δ_r 表达为

$$\delta_r = \sum_{k=1}^{r} \left(P_{rM} - P_r \right)$$

式中：P_{rM} 为储热单元最大容量。

可见储热装置容量越大，调节预度也越大。针对亿兆瓦级弃风电量，储热容量至少要达到百兆瓦级，才会对风电起到消纳作用。

对电池式储能电站，电池的投入和退出都是在电网调度指令下进行的，在电网确定投入储能充电模式时，电池充电裕度 δ_E 表示为

$$\delta_E = \sum_{K=1}^{L} P_{EMK}$$

式中：P_{EMK} 为电池每个单元的容量；L 为电池单元个数。

电池储能具有杠杆作用，在其容量能够达到影响电网时，电池对电网会产生非常积极的影响。在电网尖峰时，δ_E 具有发电能力，如果在 δ_E 容量较少的机组，则在电网低谷时段就会提升 50% 的 δ_E 负荷，电池的调节裕度修正为

$$\delta_{C2} = \left(1 + 50\% \right) \sum_{K=1}^{N_{C2}} P_{C2MK}$$

核电调节裕度为

$$\delta_U = P_{UM} - P_U$$

根据前面的分析可知，电网灵活调节预度 δ 可表示为

$$\delta = \delta_G + \delta_W + \delta_C + \delta_f + \delta_r + \delta_E + \delta_{C2}$$

此式包含了电网正常调节时的水、火电调节预度指标，还包括了电网在异常调节时的火电非常规调节裕度指标，利用 δ 可时刻监视电网的调节能力，在电网丧失调节能力之前，采取切实可行的措施，保证大电网安全稳定运行. 电网调节预度又可按调节域划分为正常调节预度 δ_{NM}、异常调节域 δ_{ON} 和紧急控制域 δ_{CT}，分别表示为

$$\delta_M = \delta_G + \delta_W + \delta_C + \delta_f$$
$$\delta_{ON} = \delta_r + \delta_E + \delta_{C2}$$
$$\delta_{CT} = \delta_U$$

δ_{NM}、δ_{ON} 和 δ_{CT} 三个调节预度充分体现了电网调节能力。

2.2.2 基于最小负荷裕度计算方法的最优切负荷算法

进行切负荷控制时，不仅要尽可能达到电压稳定所要求的指标，而且要尽可能少的影响供电。显然，当切完负荷后，指标有所提高，并且指标提得越高，ΔP 越大，即切负荷量越多。因此以切负荷量最小为目标函数，优化模型为

$$\min \sum_{i \in \text{可切负荷点}} \Delta P_i$$

$$\text{s.t.} \begin{cases} V_{j,\min} < V_j < V_{j,\max} & j \in \text{网络所有节点} \\ \sum_{i \in \text{可切负荷点}} |C_{ji}| \Delta P_i > |\xi_j^{st} - \xi_j^0| & j \in \text{安装PMU节点} \\ 0 \leqslant \Delta P_i \leqslant \Delta P_{i,\max} & i \in \text{可切负荷点} \\ \beta \leqslant \alpha_j^{st} - \overline{\alpha_j} = \Delta \alpha_j \leqslant \gamma & j \in \text{安装PMU节点} \end{cases}$$

其中，$\alpha^{st} = f(\xi^{st}) \text{ or } \xi^{st} = f^{-1}(\xi^{st})$ α^{st} 为线性化指标达到的预测值；C_{ji} 为 j 节点对 i 节点的灵敏度，$C_{ji} = \dfrac{\partial \xi_i}{\partial \Delta P_j}$；$\xi_i$ 为模最小特征根。f 和 f^1 为模最小特征根与线性化指标 η 之间的关系。

电压稳定一般是局部问题，典型的电压崩溃场景通常从系统某个薄弱节点电压失稳开始，然后蔓延致整个系统。把系统分成若干个电压控制区域，实施分布式切负荷预测控制，是广域电压保护的有效手段。如图 2-6 所示，将电网分为 a，b，c 三个电压控制区域，各区内分别设置广域切负荷预测控制。

切负荷算法流程图如图 2-7 所示。针对某区域电网 2009 年运方数据进行分析，首先将系统进行分区控制，其中某分区共有 802 个负荷节点，141 个发电机节点，1699 条交流线。设置故障为节点 HJ#1 和 HB#4 切除发电机，按电压越限程度排序后得到薄弱节点分别为 LD，TWC，XG，XC，YXF。以 LD 为控制节点进行优化切负荷。第一次切负荷后，重新按严重程度排序得到 TWC → XG → XC → YXF，再以 TWC 为控制节点进行优化切负荷，如此类推，直至 5 个节点都满足电压要求结束。切负荷后每个薄弱节点的电压变化如图 2-8 所示。

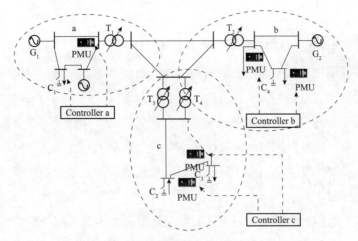

图2-6　分布式切负荷预测控制

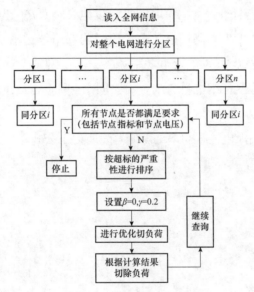

图2-7　切负荷算法流程图

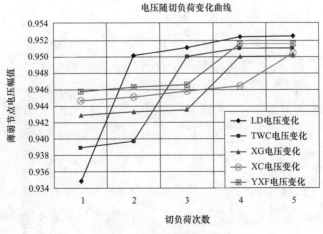

图2-8　电压与切负荷的关系

2.2.3 基于调峰裕度的风电消纳

电网接联络线输送纳风电能力受到电网结构、负荷水平、能力、网内常规机组最低发电功率以及系统备用容量的制约。其包括两方面的含义。

（1）风电从较低的发电功率水平逐渐增加，常规机组需降低发电功率以满足网内发电和用电的功率平衡，此时机组的最低发电功率将成为限制风电发电功率的最主要条件。

（2）风电从较高的发电功率水平降低到较低水平或停运，系统中的备用容量能否弥补由此引起的有功缺额。

实际运行中，电网的负荷和运行方式时刻发生变化，因此可用于平衡风电功率波动的电网调峰容量对于电网的不同运行方式、电网不同的负荷水平都是不同的。

$P_{G.total}$ 为电网总开机容量；P_{LoadM} 为电网最大发电负荷；P_{spin} 为电网的负荷备用容量；P_{Con} 为电网事故容量；P_{Load} 为电网用电负荷；P_{Trans} 为联络线送出功率；P_{Loss} 为电网网损；$P_{G.real}$ 为电网某个运行方式实际发电发电功率；$P_{G.low}$ 为电网某个运行方式发电最低发电功率下限；$P_{Reserve}$ 为电网总设备用电量；$P_{Balance}$ 为电网的调峰容量；K_{Gen} 为电网中所有电厂的平均厂用电率。

计算电网可用于平衡风电注入功率的调峰容量有以下公式：

1）电网实际发电功率。

$$P_{G.real} = P_{Load} + P_{Trans} + P_{Loss} + K_{Gen} + P_{G.total}$$

2）电网正的备用容量。

$$P_{Reserve+} = P_{spin} + P_{Con}$$

3）电网负的备用容量。

$$P_{Reserve-} = P_{spin}$$

4）电网负的调峰容量。

$$P_{Balance} = P_{G.real} - P_{G.low}$$

5）电网可用于平衡风电波动的调峰容量。

$$P_{W.Balance} = P_{Balance} - P_{Reserve-} = P_{G.real} - P_{G.low} - P_{Spin-}$$

在对某省电网分析中，负荷备用容量取为最大发电负荷的5%，事故备用容量取为最大发电负荷的8%，厂用电率取为开机容量的8%，网损率取为实际发电负荷的2%。机组的最小发电功率和开机方式主要是根据发电厂机组调峰能力确定其风电消纳能力。

2.3 本章小结

本章主要提出了控制裕度的概念，讲述了电力系统中裕度的重要性。本章主要分三种裕度控制来讲述，分别是电压裕度控制方法、负荷裕度控制方法和调峰裕度控制方法。

3 频率与有功协调控制技术

电网内新能源发电的大规模整合将导致发电量的快速变化，由于传统的发电方式无法与之平衡，使得电力频率不平衡日益频繁。新形势下的电网控制成为研究热门。在电力系统运行方面，保证频率的稳定是最主要任务之一。

随着科学技术的发展，电力系统已经逐渐发展成为集中式发电、远距离输电的大型电网，由于能源、环境、经济多方面要素影响，传统的火力发电的煤、石油燃料日益耗尽，亟须新的清洁能源的引入，既保证能源供给的同时又保证排放的气体不污染环境，引入光伏、风能发电无疑是很好的选择。随着国家对于清洁能源的大力倡导，新能源形式正大批量接入电力系统，随着电力系统规模也不断扩大和系统复杂性增加，电力系统的频率特性也越来越复杂，对电力系统频率的控制变得异常困难；而光伏和风力发电自身的随机性、不确定性，对电网的稳定性具有一定的挑战。这使得新形势下的电网控制成为技术难点。频率作为电力系统运行、分析控制的监测量，保证频率的稳定是电力系统控制的最主要任务之一；系统的单位调节功率的大小及其一次调频的投运率，对于系统的稳定运行具有极其重要的作用，特别是在事故情况下，决定着系统频率和线路潮流功率的变化量，掌握其规律，有助于对电网运行的分析及事故处理原则的把握；一次调频将作为一项辅助服务，对于它的分析和研究有助于辅助服务市场的改革深化，也是单位调节功率与调度部门应掌握的最重要数据之一。

3.1 频率的相关概念

频率是电力系统的一个重要概念，电力系统频率稳定是电力系统稳定的必要条件，也是衡量电能质量的一个重要指标。我国电力系统频率应为 50Hz，正常情况下，3000MW 以下的小型电力系统，其允许的频率偏移范围为 ±0.2Hz，超过 3000MW 的大型电力系统，其频率偏移范围为不超过额定的 ±0.2Hz，国家电网公司要求实际运行中省网频率偏移范围不超过 ±0.1Hz。有些国家电力系统为 60Hz，当两个频率不相同的电力网络进行连接时需要利用背靠背设施进行连接。与电压的多种调压方式不同，频率的调整只能通过调整发电机发电功率来进行调整，目前也提出了很多参与调频的方式，例如储能装置参与调频，电动汽车参与调频等。

电力系统也具有频率稳定性，电力系统的频率稳定性一般规划为电力系统的长期动态分析，主要研究系统受到大扰动之后，同步稳定过程基本结束时电力系统的频率动态行为。应用数学方法研究发电力系统频率稳定的核心思想是采取了系统的统一频率假设，建立数学模型，并进行求解，从而得到对频率稳定性的判断。

3.1.1 电力系统的负荷波动与频率特性

电网频率波动与负荷的频率特性有关。所谓负荷的频率特性，就是系统负荷随系统频率变化的规律。电力系统各种负荷，有的与频率无关，如照明；有的与频率成正比，如压缩机；有的与频率的二次方成正比，如变压器中的涡流损耗；有的与频率的三次方成正比，如通风机；有的与频率的更高次方成正比。负荷频率特性可如式（3-1）所示，该式称为电力系统的负荷频率特性方程。

$$P_L = a_0 P_{LN} + a_1 P_{LN}(f/f_N) + a_2 P_{LN}(f/f_N)^2 + a_3 P_{LN}(f/f_N)^3 + \cdots + a_n P_{LN}(f/f_N)^n \qquad (3-1)$$

式中：f_N 为额定频率；P_L 系统频率为 f 时，整个系统的有功负荷；P_{LN} 系统频率为 f_N 时，整个系统的有功负荷；a_0，a_1，$\cdots$，a_n 为占 P_{LN} 的比例系数。

在大电网中，负荷较大组成因素较多，在较小的频率变化范围内，负荷的频率特性呈线性关系，电力系统综合负荷与频率的关系如图 3-1 所示。

$$P_L = a_0 P_{LN} + a_1 P_{LN}(f/f_N)$$
$$P_{L*} = a_0 + a_1 f_*$$

图 3-1 中，f_*、P_{L*} 表示负荷和频率的标幺值在电力系统频率为标准频率时，其标幺值为 1。

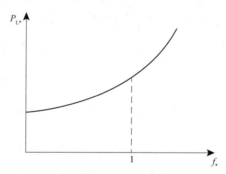

图 3-1 电力系统综合负荷与频率的关系

频率偏移不大时，电力系统综合负荷与频率的关系如图 3-2 所示。

图 3-2 中，横轴 f 为频率；纵轴 P_L 为负荷值；P_{LN} 点为额定时负荷运行点；f_N 为系统额定频率；频率特性曲线中的斜率 β 称为负荷的频率调节效应系数，可表示为

$$K_L = (P_N - P_A)/(f_N - f_A) = \Delta P_L / \Delta f$$

式中：ΔP_L 为负荷变化量；Δf 为频率变化量。

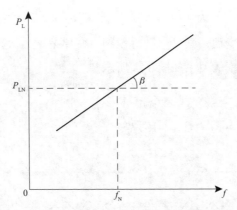

图 3-2　频率偏移不大时电力系统综合负荷与频率的关系

3.1.2　频率波动的分类

（1）频率的波动对于生产生活和生产生活来说有很大的影响。频率变化将引起电动机转速的变化，由这些电动机驱动的纺织、造纸等机械的产品质量将受到影响，甚至出现残、次品。系统频率降低将使电动机的转速和功率降低，导致传动机械的发电功率降低，影响生产效率。

（2）无功补偿用电容器的补偿容量与频率成正比，当系统频率下降时，电容器的无功发电功率成比例降低，此时电容器对电压的支持作用受到削弱，不利于系统电压的调整。

（3）频率偏差的积累会在电钟指示的误差中表现出来。工业和科技部门使用的测量、控制等电子设备将受系统频率的波动而影响其准确性和工作性能，频率过低时甚至无法工作。频率偏差大使感应式电能表的计量误差加大。研究表明：频率改变 1%，感应式电能表的计量误差约增大 0.1%。频率加大，感应式电能表将少计电量。

（4）电力系统频率降低，会对发电厂和系统的安全运行带来影响，例如：频率下降时，汽轮机叶片的振动变大，影响使用寿命，甚至产生裂纹而断裂。又如：频率降低时，由电动机驱动的机械（如风机、水泵及磨煤机等）的发电功率降低，导致发电机发电功率下降，使系统的频率进一步下降。当频率降到 46Hz 或 47Hz 以下时，可能在几分钟内使火电厂的正常运行受到破坏，系统功率缺额更大，使频率下降得更快，从而发生频率崩溃现象。再如：系统频率降低时，异步电动机和变压器的励磁电流增加，所消耗的无功功率增大，结果更引起电压下降。当频率下降到 45~46Hz 时，各发电机及励磁的转速均显著下降，致使各发电机的电动势下降，全系统的电压水平大为降低，可能出现电压崩溃现象。发生频率或电压崩溃，会使整个系统瓦解，造成大面积停电。

电力系统频率波动主要分为三类：第一类波动即偶然性波动。第二种波动类型是冲击性波动，第三种频率波动为负荷波动。针对第一种波动来说，其变化幅度小（0.1%~0.5%）变化周期很短（10s 以内）不可预测。第二类波动变化时间较长

（10s~3min），变化变化幅度较大（0.5%~1%），此类负荷也不可提前预测。第三种波动为人类生产生活造成的负荷变动，其可以进行预测，变化幅度最大，周期也最长。

负荷波动的幅度与频率的关系如图3-3所示。

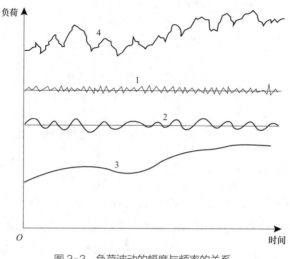

图3-3　负荷波动的幅度与频率的关系

3.2　频率调整

频率调整就是针对负荷的变化来调整发电机的有功发电功率，使其维持该频率下系统的有功功率的平衡。

对应负荷的波动类型，电力系统的频率调整也有三种类型，即一次调频、二次调频和三次调频。一次调频主要针对第一种类型的频率波动，由发电机的调速系统完成，针对第二种类型的频率波动主要由调频器来完成，主要由装有调频器的机组来参与。三次调频主要由调度部门根据第三类负荷变化来按照最优分配原则分配各个发电机组的有功出路，并分配给各个发电厂执行。

频率的一次调节主要是利用系统固有的负荷频率特性及发电机组调速器的作用，对变化幅值低于1%负荷峰值、变化周期在10s以内的发电与负荷不平衡量进行发电调整。

在系统进行一次调频时，要确定电力系统的负荷变化引起频率波动，需要同时考虑负荷与发电机组两者的调节效应。如图3-4所示，当系统负荷增加 ΔM 后，负荷的运行点由 A 点变成了 B 点，发电机运行点从 A 点变为 B 点，发电机发电增量为 ΔM_G，由图可知系统频率由 f_2 下降到 f_1，当系统负荷增加时，在发电机组工频特性和负荷本身的调节效应共同作用，在负荷增加时，频率下降，发电机按照有差调节增加输出，输出量为 ΔM_G。其次，负荷实际取用的功率也因频率的下降而有所减小，减小量为 $\Delta M - \Delta M_G$。可见电力系统的功频静态特性的调节主要有两部分组成，即负荷自身的调节特性和发电机增加发电功率的部分。仅靠调速器不能将高频率偏移至允许范围内。

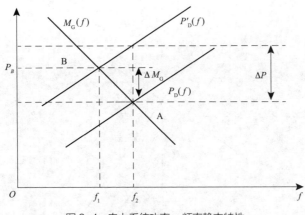

图 3-4 电力系统功率 – 频率静态特性

A 点为系统的初运行点；B 点为负荷增加 ΔM 后的系统的稳定运行点；$P_D(f)$ 为负荷在 A 点运行时的特性曲线；$M'L(f)$ 为负荷在 B 点运行时的特性曲线；$M_G(f)$ 为发电机的特性曲线；MA 为初运行点的系统功率；MB 为负荷增加后的值，系统稳定后的系统功率；f_2 为初运行点的系统频率；f_1 为负荷增加，系统稳定后的系统频率。

$$\Delta M = \Delta M_G - \Delta M_L = -K \cdot \Delta f$$

$$K = -\frac{\Delta M_G - \Delta M_L}{\Delta f}$$

由于一次调频实行的是频率的有差调节，为使系统频率恢复到计划值，必须进行二次频率调节。频率的二次调节，即自动发电控制（automatic generation control，AGC），是通过改变发电机组调差特性曲线的位置，对变化幅值在 2.5% 负荷峰值左右、变化周期在 10s 到几分钟的发电与负荷不平衡量进行的发电调整。二次调频使得机组的发电功率有可能会偏离经济运行点，从而有必要进行三次频率调节。

如图 3-5 所示，其中 P_L 是负荷有功功率静态频率特性，P_G 是发电机带有一次调频时的有功功率静态频率特性。同上所述，当负荷突然增加 ΔP_{L0}（对应图 3-5 中 OA 段，此时负荷有功功率频率特性变为 P'_L）时，若发电机仅仅有一次调频参与动作，则最终频率会下降到 f_0'，此时频率偏移 $\Delta f'$ 可能超过允许范围（ ± 0.2Hz）。所以仅有一次调频是不够的，还需二次调频。二次调频时手动或自动控制发电机原动机的调频器，使得发电机原动机输出的机械功率相应增加 ΔP_{G0}（对应图中 OC 段），即 P_G 平移到 P_G'。但此时负荷增量仍大于原动机的输出机械功率（对应于图中 CA 段），因此系统频率仍会下降，此时系统所有的发电机的一次调频都会动作，进行调整，最终频率下降到 f''_a，频率偏移为 $\Delta f''$，比仅有一次调频的频率偏移 $\Delta f'$ 小，符合国家允许范围，这时二次调频是有差调节（即系统频率最终还是略有偏差，不能回到额定值）；若二次调频时发电机原动机输出的机械功率相应增加量刚好等于负荷初始变化量 ΔP_{L0}，则系统不需再进行一次调频了，而且此时系统频率不会有偏移，仍为额定值，这时二次调频是无差调节。

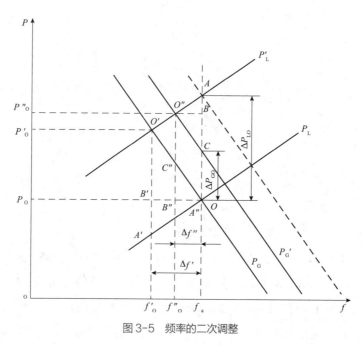

图 3-5　频率的二次调整

数学表达式为

$$\Delta P_{L0} - \Delta P_{G0} = -(K_G + K_L)\cdot\Delta f = -K_s\cdot\Delta f$$

$$\Delta f = \frac{\Delta P_{L0} - \Delta P_{G0}}{K_s}$$

式中：ΔP_{L0} 为负荷波动功率；ΔP_{G0} 为二次调频发电机组增发的功率；K_G 为电力系统的发电机组的单位调节功率；K_L 为负荷的单位调节功率。

频率的三次调节，通常又称为电力系统有功功率的经济分配，主要是针对一天内由于生产、生活、气象等因素所引起的、变化缓慢的持续变动负荷，当发电功率偏离经济运行点时，依据相应的变化调整发电计划，对功率重新进行经济分配。这类负荷的变化幅值往往在负荷峰值的 40% 以上，平均变化速率为每分钟变化负荷峰值的 0.5% 左右。

针对第三种负荷波动的方式，主要通过对负荷的预测进行预知电力系统的负荷变化趋势制定出负荷曲线，从而进行调整。负荷曲线主要有日负荷曲线、周负荷曲线和年负荷曲线以及与之对应的负荷持续曲线。三次调频一般是根据电力系统的日负荷曲线进行调整，对于电力系统负荷的预测主要由几种方式，并对其进行加工，其原则都是加工前后，负荷曲线上最高点和最低点应保持一致；同一时间段内，负荷消费的电量应该一致。

负荷预测是从一直的用电需求出发，考虑政治、经济、气候等相关因素，对未来的用电量需求做出预测。负荷预测包括两方面的含义：对未来需求量的预测和未来用电量的预测。电力需求量的月决定发电、输电、配电系统新增容量的大小；电能预测决定发电设备的类型（如调峰机组、基荷机组等）。电力系统通过对电力系统负荷进行预测以保证电力系统三次调频的准确性。

负荷预测主要有三种方法：时序外推法，相关分析与预测法，类比法。

时序外推法就是根据目前为止的历史资料数据，即时序 y_1，y_2，$\cdots$，y_t，$\cdots$，y_n 所呈现出来的趋势和规律，用数学方法进行延伸、外推，对未来 $n+1$，$n+2$ 等各时序的值做出预测，这是一种用历史数据进行推测的方法。当电力负荷依时间变化呈现某种上升或下降的趋势，并且无明显的季节波动时，又能找到一条合适的函数曲线反映这种变化趋势时，就可以用时间 t 为自变量，时序数值 y 为因变量，建立趋势 $y=f(t)$。当有理由相信这种趋势能够延伸到未来时赋予变量 t 所需要的值，可以得到相应时刻的时间序列未来值。

时序外推法中的时间间隔必须注意时间的可比性，即各个时间段长短必须把持一致，数据的统计口径，计算方法以及单位必须一致等，其优点是不需考虑负荷与各种影响因素的横向关系，计算简单。其又分为回归分析法、动平均法、指数平滑法等。时序外推法有两个假设条件：假设负荷没有跳跃式变化；假设符合的发展因素也决定负荷未来的发展，其条件是不变或者变化不大。选择合适的趋势模型是应用趋势外推的重要环节，图形识别法和差分法是选择趋势模型的两种基本方法。

相关分析与预测法提出了一种概念，当负荷增长时，其往往受多种因素影响，为何不找到各种因素对预测对象负荷的影响规律，进而应用在预测过程中。回归法是进行单因素相关分析的主要途径，带预测对象负荷在历史时段 $1 \leqslant t \leqslant n$ 的取值分别为 x_1，x_2，$\cdots$，x_n 和 y_1，y_2，$\cdots$，y_n，同时已知相关因素在未来时段 $n+1 \leqslant t \leqslant N$ 的取值为 x_{n+1}，x_{n+2}，$\cdots$，x_N。对其建立回归模型，根据相关因素由模型做出最小二乘拟合，得到向量的估计值，并且对未来时段进行预测。工程上经常使用弹性系数法、GDP 综合电耗法、人均用电法等。

类比法是选择一个可对比对象，把其经济发展及用电情况与待预测区的电力消费作对比分析，从而估计待预测区的负荷水平。类比法一般应选择经济结构与待预测区有某种相似的地区作对比，首先搜集对比对象历年经济发展资料，用电量以及用电负荷资料，从中可以确定负荷发展水平以及年数，以及用电量与用电负荷是多少，作为预测地区的初步预测值。

互联电力系统也需要进行频率调节。互联电力系统互联降低系统总的负荷峰值，减少总的装机容量。由于各电力系统的用电构成和负荷特性、电力消费习惯性的不同，以及地区间存在着时间差和季节差，各个系统的年和日负荷曲线不同，出现高峰负荷不在同时发生。而整个互联系统的日最高负荷和季节最高负荷不是各个系统高峰负荷的线性相加，结果使整个系统的最高负荷比各系统的最高负荷之和要低，峰谷差也要减少。电力系统互联有显著的错峰效益，可减少各系统的总装机容量。

通过电力系统互联，各个电网相互支援，可减少检修备用。各电力系统发生故障或事故时，电力系统之间可以通过联络线互相紧急支援，避免大的停电事故，提高了各系统的安全可靠性，又可减少事故备用。总之，可减少整个系统的备用容量和各系统装机容量。

由于系统容量加大，个别环节故障对系统的影响较小，而多个环节同时发生故障的概率相对较小，因此能提高供电可靠性。但是，个别环节发生故障，如果不及时消除，就有可能扩大，波及相邻的系统，严重情况下会导致大面积停电。因此，互联电力系统要形成合理的网架结构，提高电力系统自动化水平，以保证电力系统互联高可靠性的实现。提高电能质量，电力系统负荷波动会引起频率变化。由于电力系统容量增大，供电范围扩大，总的负荷波动比各地区的负荷波动之和要小，因此，引起系统频率的变化也相对要小。同样，冲击负荷引起的频率变化也要小。各个电力系统的供电成本不相同，在资源丰富的地区建设发电厂，其发电成本较低。实现互联电力系统的经济调度，可获得补充的经济效益。

互联电力系统的频率调整和单个系统的频率调整相似，由于几个地区是相互连接的，因此频率的变化量是相同的，而频率的调整是由几个地区的发电机共同进行调节。

若 A 与 B 两系统互联，两系统负荷变化（增加）分别为 ΔP_{LA}，ΔP_{LB}，引起互联系统的频率变化，及联络线交换功率 ΔP_t，如图 3-6 所示。

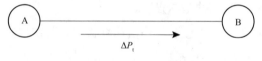

$$\Delta P_t$$

图 3-6　互联电力系统示意图

系统 A：$\left(\Delta P_{LA} + \Delta P_t\right) - \Delta P_{GA} = -K_A \cdot \Delta f$

系统 B：$\left(\Delta P_{LB} - \Delta P_t\right) - \Delta P_B = -K_B \cdot \Delta f$

互联系统的频率变化：$\Delta f = \dfrac{\left(\Delta P_{LA} - \Delta P_{GA}\right) + \left(\Delta P_{LB} - \Delta P_{GB}\right)}{K_A + K_B}$

联络线的功率变化：$\Delta P_t \atop {A \to B} = \dfrac{K_A\left(\Delta P_{LB} - \Delta P_{GB}\right) - K_B\left(\Delta P_{LA} - \Delta P_{GA}\right)}{K_A + K_B}$

由上述公式即可得出互联电力系统的频率变化以及联络线的功率变化。

3.3　频率与负荷功率缺额的关系研究

为研究频率与负荷的变化规律，本节将主要分为两个部分。第一部分利用电网实际数据用来确定当负荷波动范围不大时，发电与负荷造成的不平衡功率与频率变化量具有怎样的关系，K 值变化量呈现怎样的变化趋势。第二部分以第一部分为基础，增加第一部分的数据内容，得出在不同负荷程度下，K 值的整体变化趋势。为研究系统的单位调节功率 K 与系统的频率之间的关系，基于实验的准确性和可靠性，数据实验均取自对某大电网的实时数据采集。通过数据采集可以获得该区域电网的直调发电量 M_G，联络线功率 $M_{Q,in}$，$M_{Q,out}$，该地区的负荷量 M_D，可以得出该地区总发电量 $M_{G\Sigma}$，$M_{G\Sigma} = M_G + M_{Q,in} - M_{Q,out}$，则连续两时刻的发电变化量为 $\Delta M_{G\Sigma}$，负荷变化量 ΔM_L，发电量与负荷量之间的不平衡功率为

ΔM，频率变化量 Δf。最后进行曲线的拟合和分析试图来寻找规律。

调频是指当电网频率偏离额定值时，发电机组自动控制有功功率的增加或减少，与负荷共同作用以限制电网频率变化的过程。系统的发电变化量与负荷的变化量不匹配是系统产生频率偏移的主要原因，此时便出现了功率缺额。一次调频能力是指单位时间内改变机组有功发电功率的大小，其值越大，则对电网频率的稳定作用越大，但稳定性差；反之，对电网频率的稳定作用越小，但机组稳定性好。

单位调节功率表示在计及发电机组和负荷的调节效应时，引起频率单位变化的度和变化量，单位调节功率的大小，可以确定在允许的频率偏移范围内，系统所能承受的负荷变化量。它对于系统的稳定运行具有极其重要的作用，特别是在事故情况下，决定着系统频率和线路潮流功率的变化量，掌握其规律，有助于对电网运行的分析及事故处理原则的把握。调频将作为一项辅助服务，对于它的分析和研究有助于辅助服务市场的改革深化。

当系统负荷在 40000MW 时且变化幅度不超过 3% 的范围内波动时，通过对 $\Delta M_{G\Sigma}$，ΔM_L，ΔM，Δf 等数据进行采集和分析处理，得到汇总数据见表 3-1。

表 3-1　　　　　　　　系统负荷在 40000MW 时 ΔM 与 Δf 数据

ΔM	−251.61	128.36	−199.38	−57.88	210.93	−223.15	−412.96	125.49	−241.84
Δf	−0.026	0.01	−0.028	−0.015	0.0215	−0.029	−0.052	0.015	−0.035
ΔM	96.01	41.05	−127.88	171.6	−144.16	299.45	385.09	−374	64.94
Δf	0.0122	0.004	−0.019	0.02	−0.002	0.037	0.045	−0.048	0.002
ΔM	−69.51	−310.07	70.03	−69.21	228.86	269.3	50.15	339.51	323.79
Δf	−0.01	−0.04	0.015	−0.008	0.025	0.03	0.01	0.038	0.033
ΔM	−320.79	−267.09	−318.1	143.53	−120.51	184.33	253.93	−160.21	−32.89
Δf	−0.037	−0.032	−0.043	0.013	−0.017	0.018	0.024	−0.023	−0.002
ΔM	−26.79	29.43	−151.26	19.69	−116.22	129.98			
Δf	−0.006	0.005	−0.01	0.002	−0.017	0.021			

当系统负荷在 45000MW 且变化幅度不超过 3% 的范围内波动时，通过对大电网的 $\Delta M_{G\Sigma}$，ΔM_L，ΔM，Δf 等数据进行采集和分析处理，得到汇总数据见表 3-2。

表 3-2　　　　　　　　系统负荷在 45000MW 时 ΔM 与 Δf 数据

ΔM	262.69	435.97	−284.19	482.64	−275.19	152.04	−338.48	206.79	105.48
Δf	0.027	0.05	−0.026	0.047	−0.032	0.023	−0.041	0.014	0.01
ΔM	−131.78	284.48	−238.66	232.06	−59.56	310.12	324.08	−358.60	−531.3

续表

Δf	−0.01	0.024	−0.025	0.031	−0.003	0.036	0.035	−0.023	−0.06
ΔM	−104.11	65.01	−122.73	−210.74	381.78	−573.79	−436.78	198.10	−375.05
Δf	−0.013	0.007	−0.014	−0.022	0.036	−0.055	−0.055	0.021	−0.035
ΔM	398.13	−74.47	64.49	−382.72	−457.26	396.75	−25.78	220.06	−260.20
Δf	0.042	−0.025	0.002	−0.037	−0.048	0.045	−0.007	0.019	−0.034
ΔM	523.67	−314.79	141.51						
Δf	0.051	−0.033	0.015						

此时 ΔM 与 Δf 的关系如图 3-7 所示。

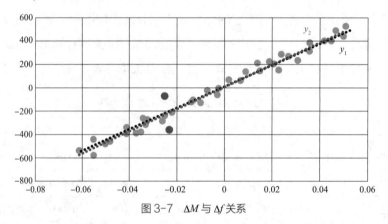

图 3-7 ΔM 与 Δf 关系

通过对不良数据点的排除,并对所采集的点进行数据拟合可以看出,当分别拟合呈线性关系和二次关系式为:

$$y_1 = 9391.3x + 6.4709$$
$$y_2 = -0.7445x^2 + 9391.3x + 6.4717$$

当系统负荷在 50000MW 且变化幅度不超过 3% 的范围内波动时,通过对大电网的 $\Delta M_{G\Sigma}$,ΔM_L,ΔM,Δf 等数据进行采集和分析处理,得到汇总数据见表 3-3。

表 3-3 　　　　　　　　　系统负荷在 50000MW 时数据

ΔM	106.45	−59.23	−47.85	161.2	−130.91	121.67	−312.42	339.01
Δf	0.006	−0.009	−0.005	0.02	−0.01	0.012	−0.036	0.026
ΔM	−303.02	27.24	355.35	101.45	−231.43	289.47	2.01	325.46
Δf	−0.032	0.002	0.045	0.014	−0.023	0.023	0	0.038
ΔM	−342.01	−184.07	304.52	427.2	−67.85	366.79	220.14	−152.6
Δf	−0.03	−0.022	0.03	0.038	−0.005	0.035	0.023	−0.018

续表

ΔM	−152.6	295.02	−379.56	−228.45	−281.56	−296.63	250.85	−219.58
Δf	0.031	−0.037	−0.026	−0.026	−0.025	−0.029	0.021	−0.019
ΔM	147.27	217.24	60.45	−145.52	−27.11	175.37	−117.54	71.57
Δf	0.009	0.017	0.007	−0.036	−0.003	0.014	−0.013	0.005
ΔM	185.75	−114.94	324.59					
Δf	0.017	−0.016	0.029					

此时 ΔM 与 Δf 的关系如图 3-8 所示。

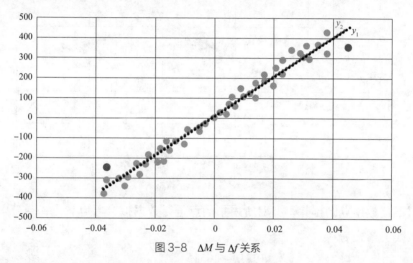

图 3-8　ΔM 与 Δf 关系

通过对不良数据点的排除，并对所采集的点进行数据拟合可以看出，当分别拟合呈线性关系和二次关系时，得到

$$y_1 = 10244x + 8.1137$$
$$y_2 = 0.03079x^2 + 10244x + 8.1136$$

当系统负荷在 55000MW 且变化幅度不超过 3% 的范围内波动时，通过对大电网的 $\Delta M_{G\Sigma}$，ΔM_L，ΔM，Δf 等数据进行采集和分析处理，得到汇总数据见表 3-4。

表 3-4　　　　　　　　　　系统负荷在 55000MW 时数据

ΔM	211.99	−398.55	−436.35	620.94	482.71	797.54	98.03	−485.44	−483.35
Δf	0.014	−0.026	−0.03	0.059	0.042	0.0742	0.009	−0.038	−0.049
ΔM	−705.09	363.65	−1041.9	180.54	−247.15	1254.83	−78.05	239.92	980.29
Δf	−0.056	0.023	−0.079	0.006	−0.012	0.096	−0.011	0.028	0.082
ΔM	944.19	−966.71	928.03	1030.41	−1553.15	908.94	497.94	−1002.97	782.89
Δf	0.092	−0.072	0.086	0.078	−0.049	0.071	0.032	−0.09	0.065

续表

ΔM	−712.19	−200.94	484.89	−531.22	574.35	607.69	5.15	−128.41	−655.23
Δf	−0.062	−0.019	0.048	−0.037	0.048	0.041	0.002	−0.005	−0.05
ΔM	634.04	723.74	328.52	−786.08					
Δf	0.053	0.058	0.034	−0.076					

此时 ΔM 与 Δf 的关系如图 3-9 所示。

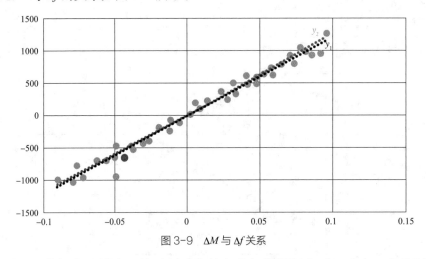

图3-9　ΔM 与 Δf 关系

通过对不良数据点的排除，并对所采集的点进行数据拟合可以看出，当分别拟合呈线性关系和二次关系式为：

$$y_1 = 11971x - 8.0515$$
$$y_2 = 0.05116x^2 + 11971x - 8.053$$

当系统负荷在 60000MW 时且变化幅度不超过 3% 的范围内波动时，通过对大电网的 $\Delta M_{G\Sigma}$，ΔM_L，ΔM，Δf 等数据进行采集和分析处理，得到汇总数据见表 3-5。

表 3-5　　　　　　　系统负荷在 60000MW 左右时频率与功率变化数据

ΔM	380.45	−427.2	−389.61	657.8	520.09	22.48	−569.17	−521.1	400.25
Δf	0.021	−0.026	−0.03	0.059	0.042	0.009	0.009	−0.039	0.002
ΔM	−904.02	189.39	−906.19	207.24	−679.17	−155.61	1391.25	−221.91	1159.66
Δf	−0.083	0.022	−0.07	0.015	−0.063	−0.012	0.096	−0.02	0.092
ΔM	723.01	1000.11	1164.48	−1287.61	1093.02	−1269.61	−162.19	895.26	−975.61
Δf	0.053	0.086	0.078	−0.076	0.072	−0.09	−0.021	0.065	−0.062
ΔM	824.39	383.17	−488.04	6.39	−60.12	−649.61	507.39	−1232.54	429.39
Δf	0.072	−0.062	−0.09	−0.021	0.0656	−0.062	−0.019	−0.053	0.033

此时 ΔM 与 Δf 的关系如图 3-10 所示。

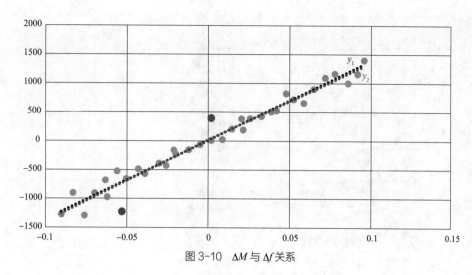

图 3-10　ΔM 与 Δf 关系

通过对不良数据点的排除，并对所采集的点进行数据拟合可以看出，当分别拟合呈线性关系和二次关系时，得到

$$y_1 = 13352x + 11.551$$
$$y_2 = 0.0394x^2 + 13352x + 11.551$$

通过对五组数据分别可以看出，当系统的负荷在一定范围且波动范围不大时，负荷所产生的功率缺额与系统频率偏移量之间的关系，当变化趋势拟合成二次关系时，二次项的系数分别为 0.2057、0.7445、0.03079、0.05516、0.0394，意味着当系统的频率波动 0.1Hz 时，五种符合程度电力网络二次项达到 10^{-4} 变化幅度非常小。由于大电网的系统较为复杂计算困难程度，出于简化大电网计算的目的，可以忽略二次项系数，将近功率缺额与频率变化量的关系近似视为线性。

3.4　系统所带负荷与单位调节功率之间的关系

将系统在不同负荷（40000MW~60000MW）区间内 11 个负荷数值区间内的大量数据进行采集并拟合，结果如表 3-6 和图 3-11 所示。

表 3-6　　　　　　　　　　　系统负荷频率与功率变化数据

M	37000	40000	42500	45000	48400	50000	52900	55000	57300
K	6260	8060	8525	9391	9850	10366	11023	11939	12550
M	60000	62900	—	—	—	—	—	—	—
K	13207	15279	—	—	—	—	—	—	—

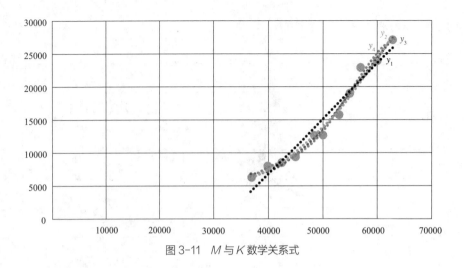

图 3-11　M 与 K 数学关系式

$$y_1 = 0.3021x - 4545.8$$
$$y_2 = 2 \times 10^{-6} x^2 + 0.1622x + 1287.5$$
$$y_3 = 8 \times 10^{-10} x^3 - 0.0001x^2 + 5.6481x - 88848$$
$$y_4 = -1 \times 10^{-14} x^4 + 3E - 09x^3 - 0.0003x^2 + 12.156x - 167300$$

当系统的负荷大小逐渐增大时，系统的单位调节功率可以分别按照一次函数、二次函数、三次函数和四次函数进行模拟，由公式可见，其变化规律为二次函数的变化规律更明显。故单位调节功率随系统规模呈现二次函数关系。

通过模拟出来的曲线和表达式进行纵向对比不难发现，当电网承受的负荷量逐渐增大时，系统的单位调节功率也的数值呈现逐渐平稳增大的趋势，系统对于负荷变化量具有一定的承受和自身调节的能力，分别拟合出线性关系、立方关系和四次关系，最高次项的系数分别是 0.3021，2×10^{-6}，8×10^{-10} 和 1×10^{-14}，当拟合成的曲线幂数越高，最高项的系数越小。由于大电网具有稳定性，具备一定抗干扰的和自消除的能力，故当系统负荷逐渐上升时，K 值更趋向于二次函数的变化趋势，故单位调节功率与负荷变化规律用二次函数来描述更为合理。

3.5　频率空间概念的提出与应用

3.5.1　电力系统频率空间的提出

由于现在清洁能源发电过剩，并且发电规律具有随机性和波动性，如何尽可能消纳清洁能源，成为现在研究的热门话题，针对频率可以提供频率空间，对于电网过剩电能的消纳具有积极的作用。

当电力系统负荷用电量过高时，发电机组还没来得及进行调节时，电力系统的频率逐渐下降；系统负荷用电量过低时，系统频率会显著上升。无论是频率的升高还是下降，为保障电力系统的电能质量，频率都应保持在允许范围内，但是当负荷用电量低时，保证系统频率在最高允许上限，则此时系统频率会有 0.2Hz 左右的频率调整，而这就意味着多容纳了多余的发电量。同理，当电力系统发电量不足时，保值频率在最高允许发电量的下限，则此时意味着允许了多的负荷入网，减小了峰谷差由于频率具有频率空间。进一步提出，是否可以在频率空间范围内，加大新能源消纳能力，从而提出了负荷功率与单位调节功率的关系，利用计算模块，对数据进行采集处理与拟合，得出表达式。利用 AGC 对可调节的机组进行实时调节，减少火力发电量并最大程度消纳新能源，以满足最大利用清洁能源的目标，在减少弃风弃光量的同时减少了化石燃料的燃烧，降低环境污染，对节能环保有着较深远的意义。而对于不同的电力系统来说其电网结构及发电机的单位调节功率和负荷的调节功率是不同的，所以如何针对不同的电网，估算其频率空间是一个有待研究的问题。由不同的电力系统可以承担的负荷量可以确定其频率负荷关系的一次函数值，由该值可以得出电力系统频率与负荷缺额的关系对调频起到指导性作用。

3.5.2 频率空间在电力系统中的实际应用

多源多域的电力系统频率空间的主要应用步骤有：数据采集步骤、曲线拟合步骤、系统判断步骤和调节执行步骤。

数据采集模块进行数据采集数据类型包括负荷功率、联络线功率、火电机组直调发电量、频率；根据若干天 24h 的历史数据确定负荷的范围进行（$P_a \leqslant P \leqslant P_b$），以确定数据采集范围；将此区间分为五个等级取 A_1、A_2、A_3、A_4、A_5，且 $A_1 < A_2 < A_3 < A_4 < A_5$，每个等级变化幅度不超过 3%；每个等级分别采集数量为 $2a$；通过数据采集模块对以下数据进行调用采集。

研究区域的联络线 $P_{c,in}$，$P_{C,out}$；电网的实际直调发电量 P_G；负荷 P_L；系统频率 f；将连续时刻的 P_L，P_G，f 为一组，由此将 $2a$ 组数据分成 a 组，计算负荷变化量 ΔP_L；获得发电变化量 $\Delta P_{G\Sigma}$，频率变化量 Δf。得出系统发电变化量与负荷变化量之间的不平衡功率。

$$\Delta P_L = P_{L1} - P_{L2}$$
$$\Delta P_{G\Sigma} = P_{G1} - P_{G2}$$
$$\Delta P = \Delta P_G - \Delta P_L$$
$$\Delta f = f_1 - f_2$$

系统精确程度有限，需对每个时间段的发电以及频率变化趋势做出正确分析判断，即求得的 Δf，ΔP 对与变化趋势不相符的数据进行坏数据剔除，避免极端数据影响结果的精度。

拟合曲线计算 k 值。通过模块进行差值曲线拟合，获得 k 值表达式，计算 k 值；判断负荷波动变化。通过采集的 5 组数据（A_1、A_2、A_3、A_4、A_5）得知，当系统的负荷波动不大时，负荷所产生的功率缺额与系统频率偏移量之间的关系趋于二次函数，二次项的系数分别为 –0.2057，–0.7445，0.03079，0.05516，0.0394。即为当系统的频率波动 0.1Hz 时，五种符合程度电力网络二次项变化幅度非常小，出于简化大电网计算可以忽略二次项系数，将功率缺额与频率变化量的关系近似为线性。

通过模拟出来的曲线和表达式进行纵向对比，当电网承受的负荷量逐渐增大时，系统的单位调节功率也逐渐平稳的数值呈现增大的趋势，系统对于负荷变化量具有一定的承受和自身调节的能力，分别拟合出线性关系、立方关系和四次关系，最高次项的系数分别是 0.3021、2×10^{-6}、8×10^{-10}、-1×10^{-14}。当拟合成的曲线幂数越高，最高项的系数越小。由于大电网具有稳定性，具备一定的抗干扰和自消除的能力，故当系统负荷逐渐上升时，K 值更趋向于二次函数的变化趋势，故单位调节功率与负荷变化规律用二次函数来描述更为合理。

与现有技术相比，利用频率空间能够有效提高新能源入网能力，有效接纳新能源，减少弃风现象，减少火力发电量的同时减少有害气体排放，从环保角度，更有效地节能减排，能提高操作人员调度效率，节省人员成本。

3.6 本章小结

当系统的负荷等级在 40000、45000、50000、60000MW 时，K 值随着负荷的等级有所上升，而呈现近似线性关系。通过纵向比较，当负荷程度不同时，对单位调节功率所呈现的变化规律进行分析，得出结论。系统的功率变化与系统的频率近似呈现线性关系，但明显可以看出二次函数关系呈现的特性更为明显。

根据试验所得 K 值，来确定负荷量与频率的变化关系，在大小不同的电网中，根据实际的运行情况，根据电网运行可允许的频率变化来确定负荷与发电功率之间的不平衡功率，并以此来消纳新能源发电形式，增加光伏和风力发电的利用率。根据本实验可知，本地区频率每变化 0.01Hz，大概为 83~90MW，当前国家规定允许的频率偏移范围为（50 ± 0.2）Hz，国家电网公司规定允许的频率偏移范围频率为（50 ± 0.1）Hz，则通过掌握 K 值，通过利用频率空间来接纳新能源的容量是非常可观的。根据在不同的负荷情况下 K 值得变化趋势来估计电网频率变化，做到预测电网安全稳定运行水平，提高调度驾驭大电网的能力。

4 低频切负荷技术

4.1 低频的产生及危害

4.1.1 低频的产生

频率是电力系统正常运行的重要参数之一，各种电气设备只有在额定频率下或在一定波动范围内才能安全有效运行。频率失衡常常会对电源、用户甚至整个系统产生严重的影响，而稳定的频率能够保证系统有功功率的供需平衡，保证用户的安全生产和日常用电。因此，对系统频率的动态监测以及有效控制是保证电力系统正常运行的关键一环。

理论上来说，我们是希望系统实时发电与负载在毫秒级别甚至更短的时间间隔上保持一致，让电力系统的频率稳定在 50 或 60Hz。但是事实很残酷，电力系统的频率是一直在波动的。我们从负载端和发电端分析波动的原因：

（1）负载端：作为电力用户，我们一般是无法精确预估用户的固定用电习惯。电力用户也很少会因为电力系统频率不稳定而突然改变自己的用电方式。所以这也就造就了当前的电力系统运行原则：发电根据负载变化进行调整。

（2）发电端：发电机组会根据负载变化而调整自己的输出以达到发电和负载的实时平衡。但是发电机组也会有"不如人意"的情况：大型火力、核能和生物质发电机组能可能突然出现故障而离网。另外连接发电机组的传输线可能出现故障，导致机组突然被隔离开来。以上这些因素会导致发电和用电的不可预测性，也就使得发电端发出的电能可能瞬时多于或少于用电侧的能耗。

电力系统可靠性分析已经成为电网规划决策中非常重要的一部分。电力系统的停电事故大部分是由于发电机组故障和输电线路故障引起的，目前对发输电电力系统可靠性评估的量化指标以切负荷量为主，因此对系统状态分析中切负荷进行优化是必不可少的环节。

4.1.2 低频的危害

频率下降较大时对系统的危害巨大，如汽轮机的叶片在频率较低时会发生共振，从而导致叶片断裂；火电厂的厂用机械会因为频率的降低而发电功率下降，导致发电厂的输出功率进一步降低，系统的频率降低更快，形成恶性循环，严重时将会导致系统崩溃甚至瓦解；核电厂反应堆冷却介质泵自动跳开；发电机和励磁机在频率下降时转速会降低，由此带来的发电机电动势下降及电动机转速降低使得系统无功功率不足，电压水平下降。运行经验表明，当频率降至46~45Hz时，系统的电压水平受到严重影响，当某些中枢点电压低于某一临界值时，将出现所谓"电压崩溃"现象，系统运行的稳定性遭到破坏，最后导致系统瓦解。因此，保证频率的稳定对于电力系统安全稳定运行是十分重要的。

《电力系统安全稳定控制技术导则》将电力系统的扰动分为三种：第一种是出现概率较高的单一故障，面对此故障，系统应能保持供电和稳定运行，但允许系统的稳定储备和备用容量降低而进入警戒状态；第二种是单一严重故障，允许系统损失部分负荷，应采取适当的紧急控制措施保持系统稳定性和主电网的完整性；第三种是出现概率较低的多重严重故障，出现这种故障时，必须采取措施，防止系统崩溃，避免长时间的大范围停电及对重要用户（包括厂用电）的灾害性停电，使负荷损失减到最小。

针对以上三种不同情况所采取的措施就是电力系统的三道防线。第一道防线：快速可靠的继电保护、有效的预防性控制措施；第二道防线：稳定控制装置及切机、切负荷等紧急控制措施；第三道防线：失步解列、频率及电压紧急控制装置。低频减载属于电力系统第三道防线，其目的就是防止在严重故障下大范围大面积的停电，造成巨大的经济损失和社会影响。

由于电力系统负荷的波动性和故障的不可预见性，电力系统在不同的运行状态之间转换。电力系统运行状态转换图如图4-1所示。系统在正常状态、警戒状态、紧急状态、系统崩溃、恢复状态之间转换。

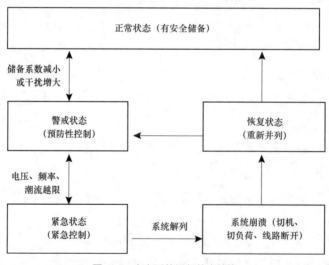

图4-1 电力系统运行状态转换

正常状态是电力系统的理想工作状态，在正常状态下，电力系统不仅能以电压和频率均合格的电能满足负荷用电的需求，而且还具备一定的安全储备，能承受系统的正常干扰而造成的不良后果，使系统保持在正常安全运行状态。如果系统储备系数减小或者外界干扰增大，系统处于临界状态，抗干扰的能力降低，由正常状态进入警戒状态。此时，如果再有一个较大的干扰发生，就可能使某些条件越限，使系统的安全稳定运行遭到破坏。所以，应该采取预防性控制（如增加发电机输出、调整负荷、改变运行方式等）使系统尽快的恢复到正常状态。

当系统处于警戒状态时，如果发生大的干扰，如失掉一台大的发电机或发生断路故障，使电力系统的某些参数超过正常运行限度，比如频率降低，超过系统正常运行允许最低值，此时需要紧急控制。低频减载就是紧急控制措施的一种，防止了系统频率的继续降低。经过紧急控制，使系统由紧急状态恢复到警戒状态进而恢复到正常状态。

紧急状态如果处理不当，系统会失去稳定，造成系统解列崩溃，形成几个孤立子系统运行，给正常的生产生活造成不便，造成巨大的经济损失。低频减载措施的目的就是避免系统崩溃，通过切负荷来保证电力系统的功率平衡。

系统频率的稳定性主要取决于原动机总功率输出与该系统总负荷功率的平衡。电力系统有功功率不平衡时，主要稳定措施有两种：一是增加发电机发电功率，系统旋转备用容量快速释放，即低频调速控制（under frequency governor control，UFGC）；二是减少系统负荷量，即低频减载（under frequency load shedding，UFLS）。低频切负荷作为一种控制手段，是二次系统中的最后一道防线。在电力系统出现较大有功缺额时，能起到阻止频率持续下降的作用，从而避免大面积停电以致系统崩溃。我国正是由于对该道防线的重视，才避免了许多大面积停电事故。然而，也需考虑到过度控制带来的经济性问题。所以，寻求一种能够综合实用性与经济性的优化性低频切负荷方法，对电力系统的安全稳定运行和国民经济都具有重要意义。

4.2　低频产生后的切负荷算法

对低频减载方法的设计要求有：

（1）快速性。一个好的低频减载方案的首要要求就是快速性。低频减载装置一般都是在系统出现严重故障情况下动作的，为了不使频率下降到危及系统稳定水平，应该快速的改变其下降趋势，避免系统频率降低到允许值以下，导致更严重的事故发生。

（2）与系统的旋转备用容量配合。系统的旋转备用容量即热备用，是指运转中的发电设备可能发出的最大功率与系统负荷量之差。低频减载装置必须留有一定时间，使系统的旋转备用容量完全释放出来。当系统频率微小波动时，低频减载装置不应该动作。

（3）不应出现频率悬浮。低频减载装置动作后应使系统频率快速的恢复到不低于49.5Hz的水平。若频率长时间悬浮在49Hz左右，则应该设有后备轮，使频率继续恢复到额定频率。

（4）切除负荷量尽可能少。一个好的低频减载方案应该能在保证系统频率恢复值并且系统频率不低于安全稳定运行频率点的情况下切除的负荷量最少。在保证系统安全稳定的同时兼顾对系统对供电可靠性的要求。

（5）与发电机组低频保护与高频保护相协调。低频减载时，系统频率下降最低值与所处时间应高于发电机组的低频保护整定值，来保证其在系统中的运行，避免有功功率进一步减少，事故更加恶化；若在减载过程中出现过负荷现象，应不使其最大值超过51Hz，避免一些安装有过频保护的机组断开，影响系统频率恢复。

（6）与系统其他控制装置相协调。如低频减载装置与低压减载相协调、与低频调速控制、电网低频解列相配合等。

为优化低频减载模型的动作效果，以低频减载参数包括装置布点、轮次、减载量等为目标的优化模型受到了诸多学者的重视。本文着重介绍序列法、等级法和最优策略法。

4.2.1 序列法

传统的序列法采用"逐次逼近"的模式，通过预先估计系统事故情况下的最大功率缺额与系统的恢复频率的大小来确定自动低频减载装置的功率总数。根据低频减载装置灵敏度将减载功率总量在频率范围内分成数轮，排好序列，逐次进行减载，在系统各个节点上断开相应负荷来达到恢复系统频率的目的。这种方法事先设定好每轮的减载频率，被动的等待系统频率下降到该频率值来切除相应的负荷，如果频率继续下降，说明切负荷量不足，等待频率下降到下一轮启动值时，再切除一部分负荷。如此直到系统频率恢复为止。

如图4-2所示，传统的低频减载方案根据系统最大功率缺额来制定的。低频减载装置中预先设定好减载对象和减载顺序，分为基本轮和后备轮。频率 f_1 与 f_2 为基本轮第一轮和第二轮的启动频率，t_1 和 t_2 分别为两轮的时延。当系统频率下降到 f_1 时，经过时间 t_1，切掉基本轮第一轮负荷。此时频率下降的趋势虽未改变，但是频率变化率变小。频率继续降

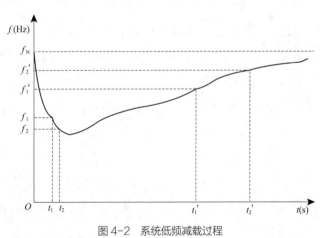

图4-2 系统低频减载过程

低到 f_2，基本轮第二轮经过时延 t_2 启动，切除第二轮负荷。可见，基本轮的主要目的是当系统发生频率下降时快速的切除负荷，抑制频率下降深度，使频率不至于下降到系统不可接受的范围内，扩大事故范围。

频率 f_1'、f_2' 为系统低频减载后备轮第一轮与第二轮的启动频率，t_1'、t_2' 为两轮的启动时延。基本轮动作完毕后，系统的频率可能会恢复到低于额定频率的某一频率至附近，不再上升。后备轮的作用就是继续切除一部分负荷，使系统频率能够恢复到额定值。系统频率恢复到 f_1'，并且长时间运行在这个频率，经过时延 t_1' 后，启动后备轮第一轮，系统频率继续恢复到 f_2'。若此时系统频率仍然低于额定频率，启动后备轮第二轮。后备轮的动作频率应不低于前述基本轮第一轮的启动频率。后备轮时延 t_1'、t_2' 一般较长，最小动作时间为 10~15s。

传统低频减载方法具有一定的滞后性，在减载装置动作的时候系统频率已经下降到了该轮动作频率以下，这就有可能使得频率下降到系统不能接受的范围内。

由于预先无法确定功率缺额值、事故波及范围、备用容量的动用特性及系统惯性时间常数、转动惯量等因素，"逐次逼近"式的低频减载方法采取了一种牺牲快速性，按轮逐次逼近系统实际功率缺额的自动调整式的减负荷方法。这种传统的低频减载整定方法难以适应现代电力系统对电能质量的要求，因此，国内外的许多学者都提出了各种改进方法。

4.2.2 等级法

4.2.2.1 目标函数

当系统中负载越多或电源越少时，会造成频率下降。本算法首先要根据频率 Δf 大小决定系统切负荷量 ΔP，以保证电源与负荷达到平衡状态。

最优负荷削减量目标函数为

$$\min \left| \Delta P - (\alpha_1 + \alpha_2 + ... + \alpha_n) \right|$$

式中：ΔP 代表系统切负荷总量，$\alpha_1 \sim \alpha_n$ 代表第 1 个等级到第 n 个等级内的切负荷量。

需要注意的是，设切负荷时间为 t_0，则整个过程需考虑 $t_0 + t$ 时刻产生的 ΔP_1（不可控的超短期负荷预测 + 超短期光功率预测 + 超短期风功率预测），此时 $\Delta P_0 + \Delta P_1$ 为所求 ΔP。

将所有负荷分为若干个等级，各等级中负荷重要程度依次增加。设为 x_1、x_2、x_3、$\cdots$、x_n。

设第一个等级中负荷值依次为 a_1、a_2、a_3、$\cdots$、a_n，第二个等级中负荷值为 b_1、b_2、b_3、$\cdots$、b_n，至第 m 等级。

当 $\Delta P - \sum_{j=1}^{n} a_j > 0$ 时，第一等级中负荷全部切除。

当 $\Delta P - \sum_{j=1}^{n} a_j - \sum_{j=1}^{n} b_j > 0$ 时，第一、二等级中负荷全部切除。

以此类推，直到第 x 个等级中，

$$\Delta P - \sum_{j=1}^{n} a_j - \sum_{j=1}^{n} b_j - \cdots - \sum_{j=1}^{n} x_j < 0$$

满足上式时，可确定切除点在第 x 等级内。

4.2.2.2 约束条件

低频减载优化控制的约束条件主要包括切负荷节点的容量约束、系统切负荷总量的限制。

对稳态和动态频率的约束问题，都有上、下限值作为参考。根据要求，f_{si} 作为稳态频率恢复值应不小于 49.5Hz，f_{di} 动态频率值因负荷过切所引发的频率超调值不超过 51Hz。低频减载动作后，能使系统频率尽快回升至 49.5~50Hz 之间，无超调和悬停现象。

故在对系统低频减载方案进行优化时，最优方案选取问题的不等式约束包括：各轮切负荷量、切负荷总量、稳态频率和动态频率的上下限约束，即

（1）各轮切负荷量在 5%~7% 之间；

（2）$5\% \leqslant \Delta P_j \leqslant 7\%$；

（3）切负荷总量在 10%~40% 之间，$5\% \leqslant \Delta P \leqslant 7\%$；

（4）稳态频率在 49.5~50Hz 之间，$49.5 \leqslant f_{si} \leqslant 50$；

（5）动态频率在 47~51Hz 之间，$47 \leqslant f_{di} \leqslant 51$。

优化切负荷的计算问题可大致分为切负荷点的选择和切负荷量的确定两个问题。考虑到安全可靠供电和经济运行问题，应该尽量减少整个系统的切负荷量，建立目标函数

$$\min f_1(x) = \sum_{i=1}^{n} \alpha_i$$

从系统中所供应负荷的重要性的差异考虑，对系统中较为重要负荷应当尽量不间断供电，即在减载时在保证系统安全的情况下尽量较少对一些重要负荷的削减，建立目标函数

$$\min f_2(x) = \sum_{i=1}^{n} w_i \bullet \frac{x_i}{\alpha_i}$$

式中：w_i 为第 i 个负荷的重要因数。

在此过程中，还要判断负荷是否已经被切除。判断依据：①开关没开；②负荷遥测值还在；③母线上输入输出功率保持平衡。若未切除，则应再次下达指令，连续三次无效后放弃。转到下一个负荷点继续操作。

注意：若有若干相同结果，同为最小值时，由于涉及线路过多，应尽量选择线路少的方案来切除负荷。

4.2.2.3 低频切负荷优化方案

按等级分类下，最优切负荷计算步骤如下：

（1）输入系统数据，读取系统状态并计算，判断是否需要切负荷。

（2）形成目标函数、约束条件，并转化为多目标优化模型。

（3）形成的目标函数、目标值系列以及初始决策变量。应用目标达到法在可行域内搜索获取新的非劣解 x。

（4）判断 x 是否是最优解，若不是，跳转到步骤（4），否则到步骤（5）。

（5）输出最优解，并统计输出切负荷结果。

4.2.2.4　算例分析

为了进一步检验本节方法的有效性，设计仿真系统模型，包含 5 个人工划分等级，50 组负荷节点，各项负荷数据见表 4-1。初始条件下系统运行时的负荷曲线如图 4-3 所示。系统有功负荷大小为 7873.5MW。对电网中 50 个负荷点的减载容量进行优化，并观测负荷点的母线频率。

设置 2 种典型故障见表 4-2，按上述优化模型进行计算，得到不同故障情况下满足最优综合代价要求的切负荷容量见表 4-1。

表 4-1　　　　　　　　　　　　系统负荷数据表

1	157.42	141.29	133.64	130.81	129.02	147.61	158.99	167.37	169.04	177.59
2	179.03	168.54	162.49	159.82	156.72	150.83	147.71	139.92	137.22	131.47
3	135.70	136.38	139.63	140.59	147.81	149.07	153.92	159.00	164.03	163.72
4	157.21	152.48	159.09	164.72	166.88	168.03	173.74	178.85	176.94	169.01
5	161.08	162.94	153.78	159.74	164.03	167.48	170.63	175.82	178.05	176.62

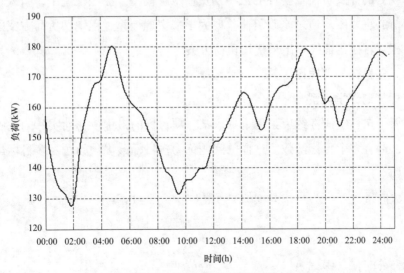

图 4-3　系统初始状态负荷曲线

表 4-2　　　　　　　　　　　　　假设故障场景

场景	P_Δ（MW）	缺额百分比（%）
1	1072.37	13.62
2	3061.43	38.88

综上所述，按等级切负荷的模型在保证切负荷综合代价最小的同时兼顾各个负荷节点的差异和调节作用，在上述 2 种不同功率缺额事故情况下其综合代价均比较小，稳态频率水平基本与传统方案相同，频率动态波动曲线也得到了一定程度的改善。

4.2.3　最优策略法

电网规划的过程，是对不同的电网规划方案进行比较和修改，从中选出最优方案的过程。在整个过程中，需要对全部待选方案的可靠性进行评价，进而确定该规划方案的可行性、安全性。而衡量规划方案安全性的重要指标是最小切负荷量，因此，在输电网规划过程中，最小切负荷量的计算是不可或缺的环节。

切负荷点和切负荷量的选择是最小切负荷量计算的核心问题。当前最小切负荷量的研究往往关注于求取满足安全约束条件的最小切负荷量，而对于负荷类型并未进行区分。而实际中，往往需要对负荷的重要性进行区分，在保证系统安全约束的条件下，要尽量少地削减重要负荷。

综上所述，求解电网规划中的最小切负荷问题运用了多目标线性规划理论。并建立了基于多目标规划的计及负荷重要性的最小切负荷求解模型。在该模型中，引入负荷重要因子来描述负荷的重要度。通过修改负荷重要因子来实现计算过程中切负荷方案的经济性和可靠性间的相互转换，最终给出最优切负荷方案。

4.2.3.1　多目标规划理论

1. 多目标规划数学模型

线性规划是在一组线性约束条件下寻求某一项目标的最优值，而实际问题中往往要考虑多个目标，即有多个目标函数。这样的问题称为多目标最优化问题。多目标最优化问题的数学模型如下：

目标函数向量　　　　　　　$\min F(x) = \{f_1(x) \cdots f_n(x)\}$

$$x \in R^n$$

$$A \cdot x \leq b$$

等式约束条件　　　　　　　$B \cdot x = C$

决策变量的上、下限　　　　$X_{\min} \leq x \leq X_{\max}$

式中：x 为决策变量；n 维向量；A 为矩阵；b 为向量。

2. 多目标优化求解方法

多目标优化的求解方法主要有：权和法、约束法、目标达到法等。权和法将目标函数问题转化为所有目标的加权求和的标量问题，即

$$\min f(x) = \sum_{i=1}^{m} w_i \cdot F_i(x)^2$$
$$x \in \Omega$$

该方法将多目标优化问题转化为单目标线性优化问题，此方法计算实现简单，但容易出现突出某一目标函数而忽视另一目标的问题。

约束法对目标函数矢量中的主要目标函数 F_p，进行最小化，将其他目标用不等式约束的形式写出，即

$$\min F_p(x) \quad x \in \Omega$$
$$F_i(x) \leq \varepsilon_i$$

该方法克服了加权法的某些凸性问题。目标达到法的核心思想是：将目标优化问题看作是目标函数系列为

$$F(x) = \{F_1(x), F(x)_2, \cdots, F_m(x)\}$$

对应地其目标值系列为

$$F^* = \{F_1^*, F_2^*, \cdots, F_m^*\}$$

允许目标函数有正负偏差，偏差的大小由加权系数矢量 $W=\{W_1, W_1, \cdots, W_m\}$ 控制，于是目标达到问题可以表达为标准的最优化问题，即

$$\min \gamma$$
$$s.t.\ F_i(x) - \omega_i \leq F_i^* \quad (i=1,\cdots,m)$$

指定目标 (F_1^*, F_2^*)，定义目标点 P。权重矢量定义从 P 到可行域空间 $A(\gamma)$ 的搜索方向，在优化过程中，γ 的变化改变可行域的大小，约束边界变为唯一解点 F_{1S}。

4.2.3.2 最小切负荷的多目标模型

假设系统包括 $n+1$ 个节点（节点号 0，1，$\cdots$，n，其中 0 为平衡节点，并等效为最大功率为 g_0 的电源节点）、m 条支路（支路号 1，2，$\cdots$，m）。设节点 1–n 的有功负荷量为 $L=\{L_1, L_2, \cdots, L_n\}$、常规电厂有功功率为 $g=[g_1, h_2, \cdots, g_n]$、节点切负荷量为 $d=[d_1, d_2, \cdots, d_n]$、节点负荷的重要度因子为 $\omega=[\omega_1, \omega_2, \cdots, \omega_n]$；设支路 1~$m$ 的允许最大有功潮流为 $p_{max}=[p_{m1}, p_{m2}, \cdots, p_{mn}]$，设常规机组 i 的有功功率上下限为 $g_{i,max}$、$g_{i,min}$；支路的注入功率和节点注入功率之间存在一定的关联关系，可根据系统的线路参数和网络结构求解得到，设关联矩阵为

$$S=\begin{bmatrix} S_{11} & S_{12} \cdots & S_{1n} \\ S_{21} & \ddots & \vdots \\ S_{m1} & S_{m2} \cdots & S_{mn} \end{bmatrix}$$

则计及负荷重要性最小切负荷求解模型为如下所示的多目标优化问题

$$\min F(x)$$
$$x \in R^n$$

约束条件
$$g_0 = \sum_{i=1}^{n} (g_i + d_i - L_i)$$
$$P_L = S(g + d - L)^T$$

系统功率平衡约束
$$|P_L| \le p_{max}$$

支路传输有功约束向量 $g_{i,\min} \le g_i \le g_{i,\max}$, $i = 0, 1, 2, \cdots, n$

发电机和切负荷量上下边界约束 $0 \le d_i \le L_i$, $i = 0, 1, 2, \cdots, n$

式中：x 为各节点切负荷量。

最小切负荷的计算问题可大致分为切负荷点的选择和切负荷量的确定两个问题。首先，从安全可靠供电方面考虑，应尽量减少整个系统的切负荷量，建立目标函数

$$\min f_1(x) = \sum_{i=1}^{n} d_i$$

考虑到系统中所供应负荷的重要性的差异，对系统中较重要负荷应当尽量保持供电，即在切负荷时在保障系统安全的条件下尽量较少对重要负荷的削减，建立目标函数

$$\min f_2(x) = \sum_{i=1}^{n} w_i \cdot \frac{d_i}{L_i}$$

考虑到切负荷操作的经济性，在能够保障系统安全运行的一定切负荷量下，尽量减少切负荷点数量。基于以上考虑，建立目标函数

$$\begin{cases} \min f_3(x) = \sum_{i=1}^{n} k_i \\ k_i = \begin{cases} 1 & d_i > 0 \\ 0 & d_i = 0 \end{cases} \end{cases}$$

4.2.3.3　程序计算流程

计及负荷重要性的多目标最小切负荷优化计算步骤如下：

（1）输入系统数据，读取系统状态并计算，判断是否需要切负荷。

（2）形成关联矩阵、约束条件，并转化为优化模型。

（3）形成目标函数、目标值系列，以及初始决策变量。

（4）应用目标达到法在可行域内搜索获取新的非劣解。

（5）判断最优解，若不是，跳转到步骤（4），否则到步骤（6）。

（6）输出最优解，并统计输出切负荷结果。

4.2.3.4　算例分析

本节采用多目标优化切负荷模型和单目标优化切负荷模型对改进的 IEEE9 节点模型进行测试，系统状态采用枚举法获取。采用 3 种情况对 IEEE 9 系统进行分析。情况 ①只考虑系统安全性，使用切负荷量最小单目标函数。情况 ②考虑负荷的重要性，增加尽量减少削减重要负荷的目标函数，使用双目标优化模型。情况 ③考虑到尽量减少切负荷操

作，增加尽量减少切负荷节点的目标函数，使用三目标优化模型。

如图4-4所示为改进的IEEE 9节点系统，表4-4为其发电机、负荷、线路数据。其中线路4-5为双回线路，并假设机组1为平衡节点。

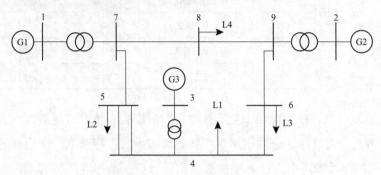

图4-4 改进9节点系统

发电机、负荷和线路参数分别见表4-3~ 表4-5。

表4-3　　　　　　　　　　　　　发电机参数

节点	发电功率上限（MW）	发电功率下限（MW）	安排发电功率（MW）
1	200	0	~
2	100	0	85
3	180	0	163

表4-4　　　　　　　　　　　　　负荷参数

负荷节点	负荷（MW）	重要因子
4	50	1
5	150	1
6	100	1.1
8	100	1

表4-5　　　　　　　　　　　　　线路参数

首末节点	电抗（p.u.）	传输功率极限（MW）
1，7	0.0567	180
2，9	0.0586	180
3，4	0.0625	180
4，5	0.1610	100
4，6	0.0720	80

首末节点	电抗（p.u.）	传输功率极限（MW）
5，7	0.0850	80
6，9	0.1008	100
7，8	0.0920	100
8，9	0.1700	100

初始状态下发电机安排发电功率见表4-3，潮流校验系统没有过载现象，不需要切负荷。为验证本方法的有效性，选取不同系统状态对该系统进行测试，选取状态如下：

状态1：机组2故障退出运行。机组2退出运行后，由于变压器容量限制，系统最大发电功率为360MW，系统需要进行切负荷计算。采用上文提出的三种情况建立切负荷模型进行计算。得出切负荷结果见表4-6。

表4-6　　　　　　　　　　　　机组2退出运行切负荷结果

负荷节点	负荷（MW）	切负荷量		
		情况1	情况2	情况3
4	50	10	13.33	0
5	150	10	13.33	24.25
6	100	10	0	0
8	100	10	13.33	15.75
合计		40	40	40

从表4-6中结果可得出，当不区分负荷重要性时，在满足安全约束条件下，切负荷量由各负荷点共同担负。当考虑负荷重要性，采用多目标模型时，在满足系统安全约束下优先切除重要因子较小负荷。

状态2：线路6～9故障退出运行。线路6～9故障后，线路5～7出现过载，需要进行切负荷计算。使用上述方法进行切负荷计算，结果见表4-7。

表4-7　　　　　　　　　　　　线路6～9退出运行切负荷结果

负荷节点	负荷（MW）	切负荷量		
		情况1	情况2	情况3
4	50	10.6	10.6	0
5	150	8.92	9.4	20

续表

负荷节点	负荷（MW）	切负荷量		
		情况 1	情况 2	情况 3
6	100	20.48	20	20
8	100	0	13.33	15.75
合计		40	40	40

从表 4-7 中结果可得出，当不计及负荷重要性时，切负荷量由多个负荷点共同承担；当计及负荷重要性时，重要因子较大负荷点尽量减少切负荷量，但为满足安全约束，这些节点仍要进行切负荷。进一步考虑减少切负荷操作时，在满足安全约束条件下，该模型能有效减少切负荷点。通过权重因子和负荷重要因子选择，该方法可给出多种最优切负荷方案。

4.3　智能低频减载的实现

4.3.1　在线检测信息获取方式

能量管理系统（energy management system，EMS）主要包括了数据采集与监控系统（SCADA）、自动发电与经济调度（AGC/EDC）、系统状态估计与安全分析（SE/SA）、调度模拟培训（DTS）等。EMS/SCADA 系统作为电力系统自动化实现的基础，是其他系统实现其功能的主要信息来源。

数据采集与监控系统 SCADA 在电力系统的应用十分广泛，可以对现场的运行设备进行监视和控制，以实现数据采集、设备控制、测量、参数调节以及各类信号报警等功能。作为能量管理系统的基础，SCADA 系统有着信息完整、效率较高、决策速度快、能正确掌握系统运行状态、能快速诊断出系统故障状态等优势，现已成为电力调度不可或缺的工具。SCADA 系统主要包括三个部分：RTU、传输信道和主站计算机。由安装在变电站的 RTU 将所测量到的变电站实时数据通过通信信道传送到主站计算机，调度人员在主站端通过这些数据可以得到系统的运行状态。

图 4-5 为典型的 SCADA/EMS 系统结构图，SCADA、EMS 和 DTS 共享一套数据库管理系统、人机交互系统和分布式支撑环境。系统由前置网、实时双网和 DTS 网组成。前置机 A 与前置机 B 挂在前置网上，互为热备用，与多台终端服务器共同构成前置数据采集系统，负责与远方 RTU 通信，进行规约转换，并直接接在实时双网上，与后台系统进行通信。

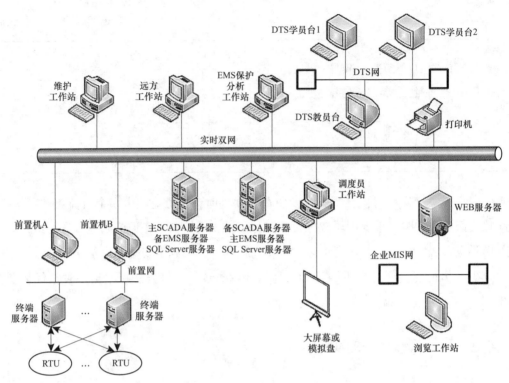

图 4-5 典型的 SCADA/EMS 系统结构

实时双网组成后台系统，负责与前置数据采集系统进行通信，完成 SCADA 的后台应用和 EMS 分析决策功能。服务器采用主备方式，一台应用服务器设为主 SCADA/ 备 EMS 服务器，另外一台设为备 SCADA/ 主 EMS 服务器。根据功能与职责的不同，实时双网上可以配置系统维护工作站、远方工作站、继电保护分析工作站和调度员工作站等。DTS 网是调度员培训系统的内部网，通过 DTS 的教员台与实时双网相连。

由于电网是一个整体，EMS 中来自各厂站的实时数据库、由实时数据转存的历史数据库以及经过网络分析应用处理过的网络数据库（熟数据）等信息都应由电网中各调度部门共享，各种网络分析及经济运行软件等资源也可共用。

EMS/SCADA 系统与其他系统之间信息方便交换的数据模型基础是 IEC 规定的公用信息模型（IEC61970-300），包括 301 公用信息模型基础、302 财务和发电计划、303 定义了 SCADA 逻辑视图。经过 10 年的推广应用，IEC 60870-5-101，IEC60870-5-104 已逐步替代 CDT（循环式远动协议）而成为 EMS 与 RTU 之间的主流远动通信协议，IEC60870-6（TASE.2）已逐步替代 DL476-92（电力系统实时数据通信应用层协议）成为 EMS 之间的主流计算机通信协议。目前基于 IEC61970 的公共信息模型 / 可扩展置标语言（CIM/XML）互操作技术在调度中心广泛应用，国内大部分调度自动化系统实现了 CIM/XML 互操作。

从通信方式上看，电网调度自动化实时通信系统有 RS232 串行模式和 TCP/IP 以太网方式两种，当采用串行通信方式时，调度中心和变电站通信为"点对点"方式（电力专线通道）；当通道为 IP 网络方式时，物理关系为一点对多点，EMS 通过路由器采用 TCP/IP 方式与网络 RTU 通信，前置服务器在逻辑上建立多条链路目前，我国自主开发并在地调、网、省调投运的 EMS 系统主要有：CC-2000、SD-6000、OPEN-2000，这些系统都采用 RISC 工作站和国际公认标准：操作系统接口用 POSIX；数据库接口用 SQL 结构化访问语言；人机界面用 OSF/MOTIF，X-WINDOWS；网络通信用 TCP/IP、X.25 等。随着计算机技术和通信技术的不断发展，以及各种标准化通信协议的制定与应用，调度系统的信息共享成为了可能，因此，调度中心可以利用 EMS/SCADA 系统来获取变电站负荷组成情况与各级负荷量的大小，据此来分配各变电站的减载量。

4.3.2　变电站信息获取

调度中心的 SCADA/EMS 系统依靠安装在变电站或发电厂端的 RTU 来监控系统的运行状态和测量系统运行参数。远动终端（remote terminal unit，RTU）是电网监视和控制系统中安装在发电厂或变电站的一种远动装置，它负责采集所在发电厂或变电站电力运行状态的模拟量和状态量，监视并向调度中心传送这些模拟量和状态量，执行调度中心发往所在发电厂或变电站的控制和调度命令。

RTU 是一个以微型计算机为核心的具有多输入 / 多输出通道、功能较为齐全的计算机系统，具有很强的数据处理能力，程序改变比较方便，工作灵活，适应性强。图 4-6 为一典型的 RTU 原理图。RTU 由一个主控系统和若干个子系统构成，子系统负责范围内的数据采集或执行命令，并与主控系统通信，主控系统负责管理各个子系统，并与调度中心通信以及人机联系。

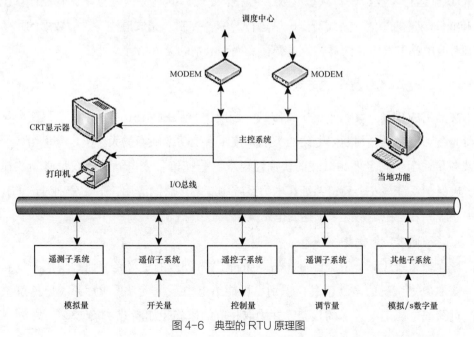

图 4-6　典型的 RTU 原理图

RTU 具有传统远动装置的四遥功能，即遥测、遥信、遥控、遥调。

遥测即远程测量，测量的参数可能是发电厂或变电站中的发电机组、调相机组、变压器、输电线、配电线等通过的有功功率和无功功率，传输线路中重要支路的电流和重要母线上的电压等，还包括变压器油温等非电参量。

现在装设于变电站的 RTU 主要测量线路上的电压、电流、有功功率与无功功率等参量。本文所提出的低频减载方案要求调度中心可以从 EMS/SCADA 系统获得各个变电站的不同等级负荷量的大小与组成情况。因此，变电站 RTU 除了应该具备测量负载线路上有功功率的功能以外，还应该具有能够将该负载线路所带负荷的等级通过遥信系统采集并上传到调度中心的功能。

RTU 采集到线路负荷等级与负荷量的大小后，上传到 SCADA 系统数据库。由于系统的负荷是不断变化的，因此，SCADA 数据库中线路的各种数据是不断刷新的，刷新周期大概是几秒钟，以保证调度中心调用数据是最新的。但是，线路负载在几秒钟内可以认为变化不大，调度中心可以根据几秒前线路的负荷数据来分配减载量，因此，本文所提方案对在线信息的获取速度要求不高。

变电站接收到从调度中心传来的减载量后，在减载过程中判断负载线路是否达到减载门槛值，需要从变电站 RTU 装置获取该负载线路的实时负荷值。这就要求变电站自动化系统能够实现信息共享。变电站自动化系统属于配电网系统的重要组成部分，对整个变电站实施数据采集、监视和控制，与调度中心、调度自动化系统（SCADA）通信。变电站综合自动化采用分布式系统结构、组网方式、分层控制，其基本功能通过分布于各电气设备的 RTU 对运行参数与设备状态的数字化采集处理、继电保护微机化、监控计算机与各 RTU 和继保装置的通信，完成对变电站运行的综合控制、完成遥测、遥信数据的远传与控制中心对变电站电气设备的遥控及遥调，实现变电站的无人值守。

4.3.3 变电站减载量下达方式

本文提出的减载方案属于集中式减载。调度中心从 SCADA/EMS 系统获得变电站各线路负荷等级和负荷量，判断变电站的类别并按照系统功率缺额的大小决定分配给各个变电站的减载量。为了满足低频减载的快速性要求，分配给各变电站的减载量必须快速的下达。广域保护系统与安全稳定系统在电力系统中有着广泛的应用，下文分别讨论了利用广域保护系统和安全稳定系统来下达变电站减载量。

4.3.3.1 通过广域保护系统

广域保护系统（wide area protection system，WAPS）的定义是：通过现代测量和通信技术，获取电力系统的多点信息，识别出可能给电力系统带来严重后果（包括系统不稳定、过负荷或电压崩溃等）的扰动，并采取相应的措施（如断开一条或多条线路、切机、增加 HVDC 线路输送功率、主动切负荷等），并且在控制措施实施的过程中不断收集反馈信息并及时调整后继措施，最终消除或减轻扰动带来的后果，广域保护系统能够从全局的角度对系统扰动和故障采取措施，同时分析故障切除后对系统的安全稳定所造成的影响。因此，广域保护系统是继电保护未来发展的一个重要方向。广域保护的应用针对了系统功角失稳、电压失稳、负荷、电力系统连锁故障等广域扰动。

广域保护系统的结构有分布式和集中式两种。分布式广域保护系统把数据分析和安全决策功能下放至各个变电站的继电保护系统，各变电站继电保护系统通过 TA、TV 或者相量测量单元（phasor measurement unit，PMU）来获取本地信息，通过网络与其他变电站继电保护系统交换信息，在此基础上，通过比较简单的算法和判断，实现如自动负荷控制、广域电压稳定控制、变压器抽头调节闭锁、自动汽轮机投入等保护功能。这种结构的缺点是获得的信息有限，变电站端的继电保护系统分析能力和决策能力不足，不能够从全局的角度来进行优化控制。

集中式 WAPS 的分析和决策功能位于控制中心，从全局的角度来进行分析和决策，利用整个电力系统的采集数据来进行最优控制，更能体现出广域保护的优势，因此是广域保护系统发展的趋势。图 4–7 为广域保护系统结构图，系统结构分为三层，上层为广域保护系统控制中心，负责协调各局部保护中心的信息交流，从全系统的角度进行数据分析与决策。中间层为多个局部保护中心，每个保护中心与下属数据采集系统和执行系统通信，多个局部保护中心共同协作完成系统的广域保护方案。最下层为数据采集系统和执行系统，每个数据采集系统中包含有大量的测量设备，如 PMU 等，执行接继电保护单元或者具有保护功能的 PMU 等。各采集系统采集到的信息经过局部保护中心上传给广域保护系统控制中心；控制中心的控制命令经过广域网传给各局部保护中心，再由局部保护中心转发给执行系统，实现系统保护功能。各层设备通过 GPS（全球定位系统）精确对时，以保证全系统数据采样同步。广域保护系统各层之间通信均采用网络通信，传输通道的物理介质为光纤。

光纤通信具有通信距离长、抗干扰能力强、带宽大、时延小等优点，适合数据量很大的实时通信。目前电力系统广泛使用的光纤通信网络物理层协议有同步光纤网（SONET）和同步数字体系（SDH），网络层通信协议一般是基于 TCP/IP 协议。控制命令消息传输要求小时延和高可靠性，可借鉴 IEC 61850 的面向对象的通用变电站事件（GOOSE）报文传输机制，使用无确认的延时重复发送方式以获得高可靠性，在传输层可使用用户数据报协议（UDP）以获得小时延。

广域保护的控制命令传输最大时延一般在 100ms 以内，可以满足低频减载控制快速性的要求。自动低频减载装置基本轮延时一般取 0.1~0.2s，后备轮时延更长，最小动作时间一般为 10~15s。因此，调度中心分配好各变电站减载量后，可以通过广域保护系统下发到各变电站，能够满足低频减载对快速性的要求。

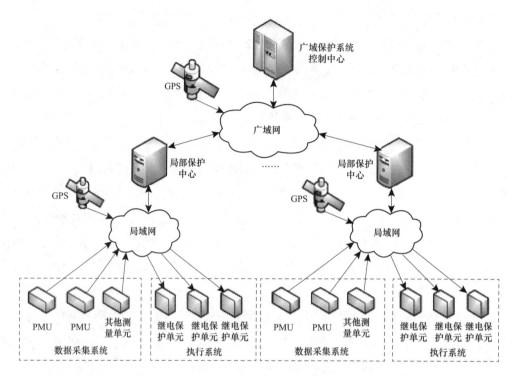

图 4-7　广域保护系统结构图

4.3.3.2　通过安全稳定系统

电网安全稳定控制系统是保障电力系统安全和稳定的第二道防线与第三道防线。在电力系统装设安全稳定紧急控制装置，是提高电力系统安全稳定性、防范电网稳定事故、防止发生大面积停电事故的有效措施。

近年来，安全稳定系统在国内各省级电网中的应用越来越多，已经成为了各地电网保持运行中必要安全稳定裕度、抵御各种扰动事故发生、保证系统安全稳定运行的重要手段。电网安全稳定系统主要是针对电网的第二种和第三种扰动，如当系统稳定运行安全裕度不够时，需采取预防控制措施防止系统进入紧急状态；当系统进入紧急状态后，采取紧急控制防止事故继续扩大。

电网安全稳定系统按照信息处理策略的不同分为三类：①传统的低频低压紧急控制装置，这种装置按照提前设定好的处理策略，对当地信息进行采集，一旦满足其设定的启动动作值便发出动作命令。如传统的低频减载装置测得本地出线上的频率达到各轮次的启动频率值，动作切除负载线路。这种装置的特点是与其他安全稳定装置之间没有信息交换。②区域性的稳定控制系统。区域稳定控制系统是指为了解决一个区域电网的稳定问题而安装在两个或者两个以上的厂站端的安全稳定控制装置，经信息信道和通信接口设备联系在一起而组成的系统。这种方式实现了不同装置之间的信息交换，有效地解决一个区域内的问题。③混合型稳定控制，即上述两种不同的控制方式在一个系统或者装置上实现，避免两种方式各自应用的不足。

目前安全稳定控制系统的运行核心主要是离线整定的控制策略表，其本质上还是一种离线决策，通过考虑电网的各种运行方式和事故情况来制定控制措施。在现在电网结构日益复杂，系统运行方式、潮流分布和故障类型越来越多的情况下，策略表的计算量很大，维护策略表需要很多的人力物力，一旦系统发生了变化，策略表的修改量也很大。因此，基于在线检测各种信息的决策方法是今后安全稳定系统发展的一个趋势。

电网安全稳定系统典型结构分为三层，如图4-8所示。由上到下分别为：控制主站、控制子站、执行站。控制主站一般安装在电网的枢纽变电站，接收上级网调的命令及其下发的减载量；向下则是与下属各控制子站交换信息，接收控制子站上传的信息，分析电网运行方式，收集各控制子站的可减载量，给控制子站下发减载量；执行本网络策略功能。控制子站安装在重要的500kV变电站及电厂，监视本站出线及主变压器等设备运行状态，将信息上送主站，接收主站下发的运行方式及控制命令，进行本地控制及向有关执行站发送控制命令。控制子站有以下基本功能：直流双极闭锁切机—切负荷、回降—提升直流功率、断路器跳闸闭锁直流、接收并向各执行站发布上一级控制站的减载命令功能，500kV主变压器过载切负荷、500kV主变压器跳闸切负荷、500kV线路过载切负荷和500kV线路跳闸切负荷功能；对于功率送出型电网，上述功能可相应调整为切机功能。控制子站收集下属各执行站上传的可减载量，形成总的可减载量上传给控制主站；接收控制主站下发的减载量并分配给下属的各个子站。

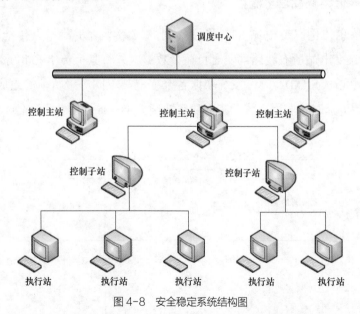

图4-8　安全稳定系统结构图

执行站安装在需要动作切机或者切负荷的变电站，给控制子站上传本站的可减载量，接收上一级站下发的控制命令，按照要求选择被控对象。执行站通常应配置以下基本功能：接收上一级控制站的切负荷命令功能、线路和主变压器过流切负荷功能、低频低压减载功能；对于就地线路跳闸可能引起稳定问题的站点，应配置线路跳闸快速切负荷功能。

调度中心安装有安全稳定控制管理系统，经通信信道收集各控制主站与控制子站的运行状态、装置的异常信息、可减载量等。运行人员在调度中心可以查看到这些信息并可按照策略给子站下发减载量。

安全稳定系统通信形成了以光纤为骨干的通信网，从原来的载波为主、微波为辅发展成为光纤为主、载波为辅的通信格局，同步数字系列（SDH）作为光纤骨干网的介入层正向网络的边缘转移，因此，安全稳定控制装置的通信接口也以 SDH 作为主要的接口方式。对于远方的站间通信命令，主要为切负荷命令，主站之间的通信速度为 0.833ms/ 帧，其余站间通信速率为 1.667ms/ 帧，通信协议采用 HDLC 协议，使用 CRC–CITT16 位校验。

本方案所分配的变电站减载量可以利用安全稳定系统下达给各变电站。调度中心分配好减载量后，传给安稳控制管理系统，再经控制子站下发给各执行站，实现了智能低频减载控制命令的下发。

低频减载是在系统频率恶化比较严重的情况下采取的补救措施，因此，对时间快速性的要求比较高。调度中心在频率下降情况下，求取系统功率缺额、在线分配变电站减载量的时间加上减载量从调度端传到变电站端的通信时间与变站判断减载线路的时间之和不得大于 0.3s，以满足系统对低频减载装置快速性的要求。

4.3.4 智能低频减载信息流程

图 4–9 为信息流图。变电站 RTU 将采集到的线路实时负荷量上传给 SCADA 系统，SCADA 系统汇集变电站所有线路的实时负荷量数据，并将其上传给 EMS 系统以备调度中心使用。调度中心从 SCADA/EMS 系统获取各个变电站不同等级负荷的组成情况与大小，在系统频率开始下降时，测得系统的实际功率缺额大小，根据所获得的各个变电站负荷情况分配减载量。

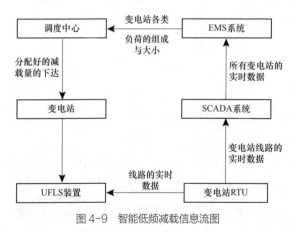

图 4-9 智能低频减载信息流图

变电站获得从调度中心下发的减载量后，依照第二节所制定的变电站低频减载方法，判断减载线路是否满足减载门槛值来决定是否减载该线路。线路的实时负荷量数据可以直接来自变电站 RTU。变电站低频减载逻辑控制图如图 4-10 所示，广域保护 / 安全稳定系统接到从调度中心传来的各轮低频减载负荷量，下达给安装于变电站的 UFLS 装置。UFLS 装置通过接收变电站 RTU 传来的线路实时负荷量，来判断线路是否满足减载门槛值，并发信号给跳闸回路，切除相应负荷线路。变电站 RTU 所采集数据可上传至 SCADA 系统，调度中心可以随时调用数据。减载完毕后，通过 SCADA/EMS 系统将该站本轮减载的实际减载量上传给调度中心，方便调度中心对系统本轮减载总量的统计。

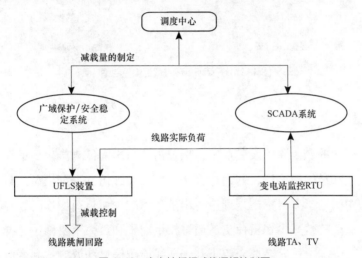

图 4-10   变电站低频减载逻辑控制图

图 4-11 为开闭所低频减载逻辑控制图。与变电站低频减载逻辑控制图类似，只是 UFLS 装置装设于开关站内。调度中心经过广域保护 / 安全稳定控制系统下发减载量。UFLS 装置经开关站 DTU 在线获取线路的实际负荷量，判断其是否满足线路减载门槛值。开关站 DTU 所采集线路实时负荷量与本轮减载实际减载量经配电子站上传给调度中心。

本文所提的减载方案需要在线获取变电站的负荷组成情况与各级负荷的实际负荷量的大小，这些数据可以通过 SCADA/EMS 系统获得。由于在短时间内变电站负荷组成情况与负荷量大小的变化不会很大，所以本方案对实时数据的上传时间的快速性要求不高。调度中心分配好减载量后，可以通过广域保护系统或者安全稳定系统将减载量快速的下达给各个变电站以满足低频减载快速性的要求。变电站内各负载线路的实际负荷量可以来自变电站 RTU 或者其他测量设备。

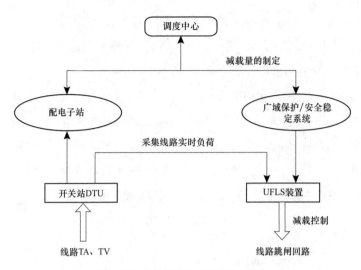

图 4-11　开闭所低频减载逻辑控制图

4.4　本章小结

本章介绍了低频的产生原因及其危害，以及由此引出的低频产生后的切负荷方法。包括序列法、等级法和最优策略法，并通过算法分析和设计仿真系统模型进行实例演算。其中，最优策略法中引用了多目标规划理论得出了考虑减少切负荷操作时，在满足安全约束条件下，所建模型能有效减少切负荷点。通过权重因子和负荷重要因子选择，该方法可给出多种最优切负荷方案。最后简要介绍了基于在线检测信息获取方式和变电站信息获取分析下智能低频减载的实现，为低频切负荷技术的发展提供了一种参考方向。

5 水电和火电控制技术

5.1 自动发电控制（AGC）技术概述

自动发电控制（AGC）是电网调度自动化系统一项重要和基础的功能，是指水电厂计算机监控系统或火电厂 DCS 根据调度中心 AGC 软件计算结果输出的命令，自动调节机组的发电功率使电网的频率和联络线净交换功率维持在计划值的闭环调节过程，AGC 的投入可以减轻调度人员的劳动强度、保证电网频率质量，提高电网运行的现代化水平。

AGC 自动发电控制是并网发电厂提供的有偿辅助服务之一，发电机组在规定的发电功率调整范围内，跟踪电力调度交易机构下发的指令，按照一定调节速率实时调整发电发电功率，以满足电力系统频率和联络线功率控制要求的服务。或者说，自动发电控制（AGC）对电网部分机组出力进行二次调整，以满足控制目标要求；其基本功能为：负荷频率控制（LFC），经济调度控制（EDC），备用容量监视（RM），AGC 性能监视（AGC PM），联络线偏差控制（TBC）等；以达到其基本的目标：保证发电出力与负荷平衡，保证系统频率为额定值，使净区域联络线潮流与计划相等，最小区域化运行成本。

自动发电控制着重解决电力系统在运行中的频率调节和负荷分配问题，以及与相邻电力系统间按计划进行功率交换。电力系统的供电频率是系统正常运行的主要参数之一。系统电源的总输出功率与包括电力负荷在内的功率消耗相平衡时，供电频率保持恒定；若总输出功率与总功率消耗之间失去平衡时，频率就发生波动，严重时会出现频率崩溃。电力系统的负荷是不断变化的，这种变化有时会引起系统功率不平衡，导致频率波动。要保证电能的质量，就必须对电力系统频率进行监视和调整。当频率偏离额定值后，调节发电机的出力以使电力系统的有功功率达到新的平衡，从而使频率能维持在允许范围之内。所以，自动发电控制是通过对供电频率的监测、调整实现的。

一个大电力系统是由几个区域电力系统通过联络线互联构成。各区域电力系统按预定计划进行功率交换。每一个区域电力系统的负荷、线路损耗与联络线净交换功率之和必须与该地区的发电出力相等。

5.1.1 AGC 的基本结构与任务

一定数量的区域电网相互连接其实就是互联电网，在每个电网区域里都存在与自身系统相符合的 AGC 系统，电网的调度中心对各区域的 AGC 机组发出实时信号，并根据各个区域的实际情况对各个区域内电厂安排全年的发电计划，以便控制各机组出力。此外，在系统中除了存在 AGC 机组，还存在非 AGC 机组。由调度中心进行人工来调整一段时间的发电量即为非 AGC 机组，它由调度中心全权指挥。此外，在 AGC 内，还存在调节死区，它的存在是为了避免对功频进行频繁调节。需要注意的是，不同区域的 AGC 所要求的调节容量也都不相同。一般来说，AGC 系统的任务有以下三种：

（1）当电网工作在正常情况下，使频率稳定在标准范围内。

（2）分配各个区域的发电功率，使区域间的交换值稳定在额定范围内。

（3）通过控制使发电功率与用电负荷之间保持平衡，使运行成本减小，以实现经济负荷分配。

5.1.2 自动发电控制的系统模型

电力系统的 AGC 系统是由发电机、原动机、调速器、用电设备、联络线等组成的，所以 AGC 相当复杂，为方便讨论，AGC 的系统如图 5-1 所示。

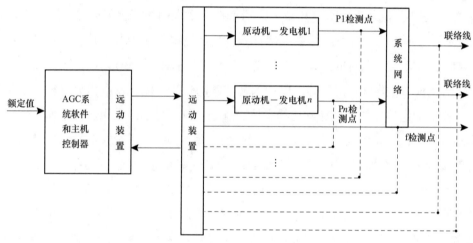

图 5-1 简单 AGC 的系统模型图

AGC 是电网系统里及其重要的实时控制调节系统，它由三个方面组成：

（1）总控制端：调度中心负责收集电网状态信息和制定调节指令，是 AGC 的大脑。

（2）信息传输通道：调度中心跟发电机组以及远动终端（RTU）相互间交换信息的设备。

（3）执行机构：厂级调控器、远动终端以及调速器的功率控制装置。AGC 系统组成如图 5-2 所示。

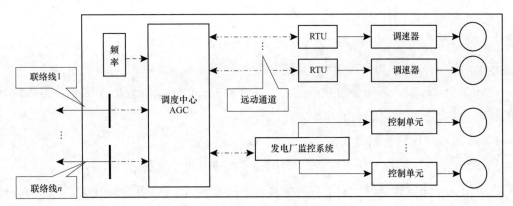

图 5-2 AGC 系统组成

5.1.3 AGC 系统信息的传输方式

图 5-3 为 AGC 系统中信息传送的流程及相关参数。

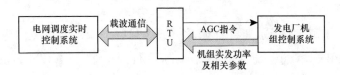

图 5-3 AGC 系统中信息传送的流程

电网控制中心通过信息传输通道获得由远程数据终端（RTU），数据采集与监控系统（SCADA）传来的实时监测数据，利用 AGC 运行程序计算出电网的总调节量，再生成厂级 AGC 指令。这些指令通过数据通道和远程数据终端（RTU）下发到各个电厂。电厂根据 AGC 指令安排机组进行功率调整。与此同时，各机组实发功率等状态参变量通过 RTU 设备反馈到电网调度中心。可以说，整个电网的安全稳定运行是由 AGC 系统维持的。

5.1.4 AGC 的控制标准

（1）A/B 标准。

自动发电控制需要保持 ACE 为零，但在实际运行中是很难实现的。在日常的运行中，控制 ACE 在一定的周期内过零，使 ACE 控制能恢复到最小值，同时保证 ACE 的上下限值和平均值不会超过设定的范围。为了更好地界定自动发电控制系统在频率偏差控制和联络线交换功率偏差控制方面的水平，北美的电气可靠性理事会组织（NERC）提出了一种针对区域控制的标准，并迅速得到各国的支持及采用。该评价标准主要根据 ACE 实时值和一段时间的统计值，并针对正常情况制定 A 标准和扰动情况制定 B 标准。其中 A 标准又分为 A1 和 A2 两个子标准，具体如下：

1）A1 准则：区域控制偏差在每 10min 阶段内必须过零一次。

2）A2 准则：区域控制偏差每 10min 的平均值必须在设定的范围之内。

区域负荷变化率的计算公式为

$$L_{\mathrm{d}} = 0.025\Delta L + 5 (\mathrm{MW})$$

式中：ΔL 为上一年当中每 10min 的区域控制偏差算术平方根。

当 ACE $\geq 3L_{\mathrm{d}}$ 时，表明系统扰动超出了正常范围，应当及时减小 ACE 值，以抵消扰动的影响。由此 B 标准也定义了两种准则：

1）B1 准则：区域控制偏差必须在 10min 以内返回至零。

2）B2 准则：区域控制偏差在 1min 之内必须向减小的方向变化。

在应用 A/B 评价标准时，主要以控制合格率来衡量 AGC 机组的调节性能，控制合格率必须在 98% 以上。不合格时间指违反 A/B 标准的时间总和。控制合格率的计算公式为

$$P_{\mathrm{t}} = \frac{T_{\mathrm{on}} - T_{\mathrm{f}}}{T_{\mathrm{on}}} \times 100\%$$

式中：P_{t} 为控制合格率；T_{on} 为 AGC 功能投运时间；T_{f} 为 AGC 不合格时间。

（2）CPS 标准。

由上述内容可知，A/B 标准存在较多严重的缺陷，因此北美的电气可靠性委员会（NERC）在 A/B 标准的基础上，根据实际运行经验制定了 CPS（control performance standard）标准。CPS 评价标准以减少电力系统频率偏差量作为区域控制性能的基本判据，对 ACE 在系统频率中的补益作用进行充分考虑。因此，CPS 在 1996 年推出后，迅速得到了许多国家的认可。

CPS 包括了 CPS1 和 CPS2 两个子评价指标：

1）CPS1 标准：主要作用是控制频率偏差，方法是通过数理统计来界定控制区 ACE 的变化特性及其与系统频率偏差之间的关系。具体如下：在一定周期内，区域控制偏差的 1min 平均值乘以 1min 频率偏差的平均值（Δf），再除以十倍的频率偏差系数（Bi），所得的值应比年实际 1min 频率偏差平均值的均方（ε^2）小。

2）CPS2 标准：主要作用是评价控制区域调控联络线潮流偏差的效果。具体如下：在一定的控制周期内，区域控制偏差的计算公式为

$$\frac{\sum (ACE_{\mathrm{AVG-min}} \cdot \Delta f_{\mathrm{AVG-min}})}{-10nB_i} \leq \varepsilon_1^2$$

式中：$ACE_{\mathrm{AVG-min}}$ 为控制区域一分钟 ACE 平均值；$\Delta f_{\mathrm{AVG-min}}$ 为电力系统频率偏差一分钟平均值；ε_1 为上一年实际频率偏差的均方根，各控制区域的 ε_1 均相等；B_i 为系统的频率偏差系数，MW/0.1Hz 取负值；N 为统计分钟数。

$$CF = \frac{\sum (ACE_{\mathrm{AVG-min}} \cdot \Delta f_{\mathrm{AVG-min}})}{-10nK\varepsilon_1^2}$$

$$CPS1 = (2 - CF) \times 100\%$$

CPS2 标准与 A2 标准类似，同样是限制 ACE 的偏离程度，不同之处在于 CPS2 减小了 ACE 的限制，如下式所示

$$L_{10} = 1.65\varepsilon_{10}\sqrt{\left(-10B_i\right)\left(-10B_s\right)}$$

$$ACE_{AVG10\min} \leqslant L_{10}$$

$$CPS2 = \frac{N_P}{N_T} \times 100\%$$

式中：L_{10} 为设定的 ACE 限额；ε_{10} 为过去一年 10min 的频率偏差的均方根；B_i 为控制区域的系统频率系数，MW/0.1Hz，取负值；B_s 为控制区域的系统频率系数，MW/0.1Hz，取负值；$ACE_{AVG10\min}$ 为 10min 的 ACE 平均值；N_p 为给定时间内合格的 $ACE_{AVG-10\min}$ 数量；N_T 为给定时间内总的 $ACE_{AVG-10\min}$ 数量。

由上述内容可知，控制区的控制性能是按照 CPS 标准来评价的，这要求 CPS1＞100%，CPS2＞90%。两个条件必须同时满足才说明此控制区域的控制效果达标。

图 5-4 阴影部分表示基于 CPS 标准的合格运行区域。当 ACE 与频率偏差方向相反时，表明区域处于"高频超受"或"低频超供"状态，有利于整个系统快速恢复稳定，因此只要 ACE 满足 $CPS2$ 的限制即可，不需要受到 $CPS\,1$ 的限制，如图 5-4 中 A 区所示。在某区域发生事故时，如机组跳闸导致系统频率下降（$\Delta f \leqslant 0$），其他控制区域可迅速支援此区域，使其恢复稳定。而当频率偏差方向与 ACE 相同时，不利于保证频率质量，ACE 的合格区域随着频率偏差的增大而减小，如图 5-4 中 B 区所示。

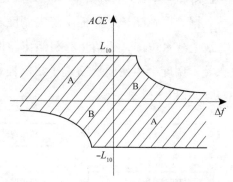

图 5-4　基于 CPS 标准的合格运行区域

CPS 标准相对于 A 标准具有两点优势：

（1）CPS 标准的核心是频率控制。A1 标准中对频率品质的要求并没有体现，而 CPS 标准则综合考虑了联络线交换功率和频率控制的要求。$CPS\,1$ 不再要求 ACE 必须 10min 过零，而是从区域控制对频率调控贡献的角度来设定 ACE 的合格范围。$CPS\,1$ 认为当 ACE 与频率偏离方向相同时不利于系统恢复稳定。因此通过 $ACE \times \Delta f$ 的值反映这种情况。当 $ACE \times \Delta f$ 大于零时，CPS 对 ACE 的限制作用比 A2 指标还要大；当 $ACE \times \Delta f$ 小于等于零时，CPS 放宽了对 ACE 的限制，从而有利于对事故区域的支援，保证了频率的快速恢复。

（2）*CPS* 公式是利用统计学相关理论知识提出的。*CPS* 1 着眼于频率的长期控制，能适应发电与负荷不平衡的电网特性，更能实现二次调节的目标。控制区域不再需要为 *ACE* 调节支付大量的费用。调节机组也不需要频繁的动作，从而延长了使用寿命。*CPS* 1、*CPS* 2 以统计学理论为基础，对各个控制区域进行性能评估，关注控制区域在系统频率控制方面的长期控制效果。

5.2 水电 AGC 控制

5.2.1 水力发电机组的 AGC 调节

控制模型的设计需要充分考虑以下几个方面的内容：①水库来水量及库水位状况控制要求电厂最大限度地利用水库来水量；②以不弃水或少弃水为原则，尽量保持电厂在较高水头下运行给定的发电负荷曲线或实时给定的电厂总有功功率。这是电厂完成生产计划或随机性发电任务而参与的电力系统有功功率和频率的调节。维持电网频率在一定水平下运行，进行电网频率瞬时偏差或频率偏差的积分值计算，确定电厂的总出力，直接参加电力系统的调频任务综合因素。诸如按给定功率和电网频率偏差、按系统对功率的要求等。

5.2.1.1 水电站 ACC 系统结构图

一般水电站 AGC 系统结构如图 5-5 所示，包括调度端主站、厂站端子站监控系统、机组现地控制单元、机组调速系统、水轮发电机组等。调度端主站通过远动通信与厂站端子站监控系统之间传输四遥数据。厂站端子站监控系统向调度端主站上传的遥信量有机组有功功率、无功功率、电站上游水位等，遥信量有机组出口断路器状态、机组及全厂 AGC 状态、机组各刀闸状态等；调度端主站向厂站端子站监控系统下发的遥调量为全厂有功功率设定值，遥控量有机组开机、停机。

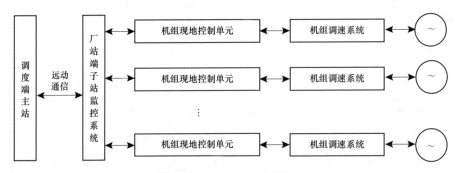

图 5-5　水电 AGC 系统结构图

5.2.1.2 水电 AGC 控制方式

（1）负荷控制。

AGC 负荷控制方式基本有四种，即电站侧定值方式、电站侧曲线方式、调度侧定值方式、调度侧自动方式。一般通过电站监控系统 ACC 画面实现调度侧和电站侧的负荷控制权的切换，通过负荷控制权的切换选择曲线或定值方式。在电站侧定值负荷控制方式下，可直接在电站监控系统上设置全厂总有功功率的目标值，ACC 依据预定和要求的分配原则将这个目标值分配到各台参加 ACC 的机组；在调度侧定值负荷控制方式下，调度侧控制系统通过与电站之间的远动通信定时下发全厂总有功功率的目标值，ACC 依据预定和要求的分配原则将这个目标值分配到各台参加 ACC 的机组；电站侧曲线方式下，ACC 程序依据调度预先下发的全负荷曲线给出各个时间点全厂总有功功率目标值，再按预定和要求的分配原则将这个目标值分配到各台参加 ACC 的机组；调度侧自动方式是调度按照电站的有功负荷结合电力系统当前状况、水电站上游水位经自动计算后通过电站远动通信定时或预设方式下发全厂总有功功率目标值。

（2）频率控制。

某些电站设立调频功能，该功能随时监视母线频率，当频率超出正常调频区段时，ACC 增减参加 ACC 机组的负荷，直至系统频率重新回到正常调频区段。多数水电站通过调速器的一次调频功能实现频率控制，并与 ACC 相互协作。

（3）开停机控制。

ACC 开停机控制可根据给定的负荷容量、当前运行的机组台数、ACC 中各台机组的运行区间、曲线方式下下一时间段的负荷容量、定值方式下下一时间段的负荷容量、各台机组的运行工况、电站备用容量等条件给出开停机指导或自动开停机，避免有的机组刚开机后又需要停机或有的机组刚停机后又需要开机。

（4）AGC 和水位的控制策略。

1）水电站水位的手动 / 自动切换应保持切换前水位值不变；手动切至自动后，若水位测量值与切换前差值在梯度内，则自动刷新；若测量值不在差值梯度内，不刷新，保持不变并报警。

2）无论是自动或手动水位值，AGC 运行过程中，若水位值变化向上、向下超过水位梯度限制，则报警并保持当前水位值不变，AGC 不退出；自动情况下水位测量恢复正常后，恢复正常刷新。

3）自动水位下，AGC 运行过程中，若水位值变化超过上限、下限限制值，则报警并保持当前水位值不变，AGC 不退出。

4）自动水位情况下，若水位值缓慢变化超过上、下限值，即表明水位测量信号正确、真实有效，为避免机组运行于非正常水位下，报警"全厂水位值大于最大设定水位""全厂水位值低于最小设定水位"，AGC 不退出。

5.2.2 梯级 AGC 基本内容

梯级 AGC 控制最典型的例子就是三峡梯级 AGC 控制。对梯级而言，梯调 AGC 的主要任务是：在满足各项约束条件下，将给定的负荷（曲线）逐时段分配到葛洲坝、三峡的各条母线，并将分配结果分别送到三峡、葛洲坝相应的左岸、右岸的电站 AGC 中去。其具体执行由电站 AGC 完成，从而保证发电与负荷平衡，维持系统稳定。另外，梯级 AGC 在实时运行时对实际负荷进行滚动优化运行，并按照系统频率、交换功率、计划值的偏差来调整机组出力，即实时 AGC。

5.2.2.1 梯级 AGC 控制对象

（1）电厂（母线）：对电厂（母线）进行负荷分配，机组运行工况优化由电站考虑。

（2）机组：先对电厂（母线）进行负荷优化分配，再对机组运行工况进行优化。

5.2.2.2 控制方式

对梯级 AGC 而言，有两种方式可供选择，远方控制（国调）和现地控制（梯调）。远方控制是根据运行要求，转发（或计算后下发）国调下发给梯级、电站或机组的设定值；现地控制是指由梯级设定或计算后设定，并下发给各电站或机组的设定值。

（1）梯调控制 / 国调控制。

1）梯调控制。AGC 负荷设定曲线、设定值或标准频率由梯调运行人员设定。梯调运行人员根据调度要求设定各电站的有功出力或机组出力，梯级 AGC 直接转发或计算出各机组设定值后下发。在常规模式下，国调不直接对机组进行闭环控制。

2）国调控制。AGC 负荷设定只能选择功率定值方式和全梯级控制并自动切换，且遥调标志送至国调时，此时 AGC 只接收调度下达的负荷给定值，不受运行人员控制。当国调给出三峡梯级有功总值时，梯级 AGC 进行计算，根据控制权限的要求，下发各电站有功设定值或各电站机组的有功设定值；当国调给出各电站的有功总值，梯级 AGC 直接转发或计算出各机组设定值并下发；在某些特殊的条件下，国调直接给出某机组的设定值，梯调 AGC 直接转发。负荷给定值必须在全梯级总有功遥调最大允许范围内，且每次调节的给定值必须在有功变化限值以内才可以接收，其最大允许范围和有功变化限值由运行人员设定。

（2）开环调节 / 闭环调节。

1）开环方式下，AGC 程序仅给出机组负荷分配指导，机组并不按该设定值调节负荷，负荷的调整仍由运行人员控制。

2）闭环方式下，AGC 程序给出机组负荷设定值，通过 LCU 作用到机组执行，机组的设定值跟踪 AGC 设定值，或者通过电站 AGC 作用到机组执行。

（3）功率曲线 / 功率定值 / 按水头限制出力 / 频率控制。

1）功率曲线方式下，AGC 按给定的有功功率曲线设定值进行调节，当前各电站的给定值跟踪计划曲线值。

2）功率定值方式下，AGC 按给定的各电站有功功率设定值进行调节，此时功率设定曲线不起作用。

3）按水头限制出力运行时，AGC 的负荷分配直接按照当前水头所对应的最大的出力来进行，此时功率设定值或功率曲线均不起作用，在系统频率高于频率上限时，自动切换到功率定值方式运行。

4）频率控制方式下，功率设定值不起作用，AGC 按照给定的标准频率进行调节；标准频率即是设定的目标值，该值可由运行人员设定。当系统频率越过正常调频上下限时，各电站的设定值自动跟踪各台机组 AGC 分配值之和。

（4）成组控制 / 全梯级控制。

成组控制运行时，AGC 的设定值直接分配给投入 AGC 的机组，不考虑退出 AGC 的机组的实际负荷；全梯级控制运行时，AGC 的设定值包括投入 AGC 的机组的分配值和退出 AGC 的机组的实际负荷。梯级总设定值和 AGC 成组方式的总设定值均需要跟踪参加 AGC 运行的机组有功实发值之和；曲线方式运行时，梯级总设定值跟踪当前时段的曲线设定值。对于全梯级 AGC 方式，如果任意一台机组 RTU 故障或出现有功坏数据时，则全梯级 AGC 退出，而自动转入成组方式。

5.2.2.3　基本功能

（1）电站或机组有功功率控制。

梯级 AGC 分配的有功 P_{AGC} 根据设定曲线或者给定值来定。对应的有两种方式，一种是全梯级 AGC 方式，总给定值考虑阶梯所有机组的负荷，并给出机组启停指导；另一种是 AGC 成组方式，给定值仅考虑参加 AGC 运行机组的负荷，不考虑机组启停，适用于参加 AGC 运行机组台数少的情况。

梯级总设定值和 AGC 承租方式的总设定值均需要跟踪参加 AGC 运行的机组有功实发值之和；曲线方式运行时，梯级总设定值跟踪当前时段的曲线设定值。对于全梯级 AGC 方式，如果任意一台机组 RTU 故障或出现有功坏数据时，则全梯级 AGC 退出，而自动转入成组方式。

（2）频率控制。

根据系统频率调节各电站机组的有功负荷，最大限度地使系统频率接近给定频率，达到自动调频的目的。AGC 分配的有功 P_{AGC} 根据系统频率偏差来设定。为防止调节幅度过大影响水库运行和航运，因此规定最大调节范围和调节时间。为避免频繁调节，梯级 AGC 分别从大到小设置了梯级、电厂、母线和机组的频率调节死区。根据频率偏差的大小分别启动相应的频率调节模式。

（3）安全运行和经济调度。

梯级 AGC 在进行负荷分配的同时进行安全性与经济性考虑，使各台机组分配的负荷避开机组振动区，并在最优的工况下运行，同时根据给定负荷与实际负荷的变化对机组作出经济的、合理的启停指导和自动开停机。

（4）自动开停机控制。

机组正常停机时，若 AGC 原来已投入，则将此台机负荷进行慢速转移至其他参加 AGC 的机组，直至该机组解列；机组正常停机后并不自动退出其 AGC 运行，如要手动开停机，则应先退出 AGC 机组正常开机并网后，若 AGC 原来已投入，则该台机组将自动分配其负荷值。另外，梯级 AGC 还可实现远方自动开停机控制，由远方（国调）发出开停机命令直接控制。

（5）自动开停机指导。

当 AGC 分配的负荷值不能完全由参加 AGC 的机组承担时，AGC 将向参加 AGC 的备用的机组提出开机指导，若机组处于闭环控制，则启动开机的控制流程；当 AGC 分配的负荷值能够由参加 AGC 的较少机组负担时提出停机指导，若机组处于闭环控制，则启动停机的控制流程。梯级 AGC 功能投运后，其运行规程必须严格、规范，注意梯调 AGC 运行模式和工作状态的协调，特别注意梯级各电站 AGC 的运行方式与梯调 AGC 运行方式的协调。三峡梯级装机容量较大，机组台数较多，梯级 AGC 受控于国调系统。

梯级 AGC 功能（含经济调度 ED）需与发电计划系统（GD）配合，以取得最佳的经济效益，建议以下方式作为常规运行方式：梯级 AGC 置于功率控制模式，工作于现地方式，下发两站的有功设定值；两站 AGC 工作于现地方式，机组的有功设定值由站级 AGC 完成。在此方式下，若梯调 AGC 由于某种原因置挂起（SUSPEND）状态或发生梯调与两站之间通信故障，将不至于引起两站的有功出力的波动；若两站发生设备事故，站级 AGC 将自动退出运行，不再接受梯调 AGC 的设定值，由站级 SCADA 功能继续控制电站设备。

5.2.2.4 梯级 AGC 分层控制与调节

在整个三峡梯级 AGC 系统中，国家电力调度控制中心（NCC），梯级调度控制中心（CDCS）、厂站层（PP）、现地层（LCU）形成四个层次，从而实现对机组的控制与调节。一般来说，控制是指对电站主、辅设备（含泄洪设施）的控制与操作；调节是指对机组实现 AGC/AVC。

以上四个层次的控制和调节的对象各不相同。NCC 控制在正常模式下，将控制命令下达到梯调，由梯调实施；而在紧急方式下，如紧急停机、断路器（500kV/220kV）控制等，国调可以直接操作相应开关。NCC 控制时，NCC 可以将负荷下到梯调、电厂或分厂，而不能直接调节机组。以控制为例，图 5-6 给出了这四个层次中各部分具有的功能及方式的切换。

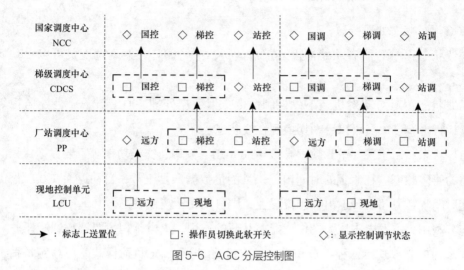

图 5-6 AGC 分层控制图

AGC 程序框图如图 5-7 所示。

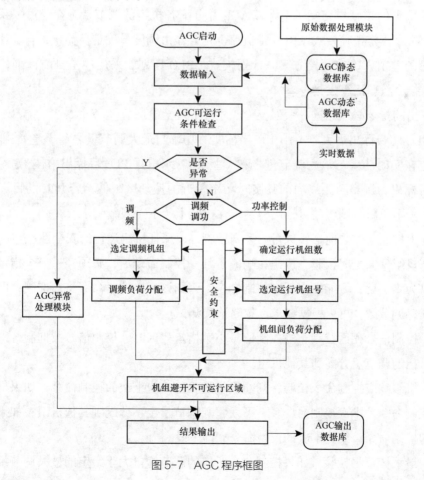

图 5-7 AGC 程序框图

5.3 火电机组控制功能

AGC 运行状态如下：

在线状态：AGC 所有功能都投入正常运行，进行闭环控制。调度员可以手动切换到离线状态。

离线状态：AGC 不对机组下发控制命令，但数据处理、ACE 计算、性能监视等功能均正常运行。调度人员可以手动切换到在线状态。

暂停状态：由于某些量测数据异常导致 ACE、频率、交换功率等重要数据错误时，自动设置为暂停状态。在给定的时间内，一旦测量数据恢复正常，自动返回在线状态，若超过规定时间且暂停超时转退出标志位置上，则自动转至离线状态。

充分利用火电发电占比大，作为能源基荷的作用，火电承担主要调频调峰任务。

火电的控制方式有三种：自动模式（NOB 无基点）、定负荷模式（BLO 定负荷）和计划模式（BLO 计划）。其中，自动模式（NOB 无基点）是传统的 AGC 闭环调频控制模式，通过电网采集的频率与交换功率计算 ACE 并分配各机组的调节量，在经过一系列指令校验后下发指令。定负荷模式（BLO 定负荷）是首先由调度员确定负荷量，自动比较发电量与负荷量的差值，确定调控方案。计划模式（BLO 计划）采用的是日前计划，接收计划值，进过指令校验后下发指令。

计算出的指令必须经过一系列校验，才可下发至电厂。

若 PLC 的目标出力大于（小于）当前实时功率与最大调节量之和（差），则将其目标出力锁定在实时功率与最大调节量之和（差）；若水电厂 PLC 目标出力位于振动区之间，则将其目标出力调整至距离当前其实时功率较近的振动区限值；若 PLC 的目标出力超过其控制上（下）限，则将其目标出力锁定在控制上（下）限。

在发出控制命令之前，要进行一系列校验，以保证机组运行的安全性：

（1）机组反向延时校验。机组在响应了某一控制命令后，必须经过一个指定的时间延时（可以为零）后，方能发出反向控制命令，否则该反向控制命令将被抑制，即暂时不下发。在紧急调节区，可以根据要求，忽略该项测试。

（2）控制信号死区校验。当控制信号小于指定死区时，控制信号被抑制，即暂时不下发。未承担的调节量分配到其他机组。

（3）机组响应控制命令校验。判断机组是否已响应上次的控制命令，如果机组未响应上次的控制命令，本次控制命令暂不下发，其调节量也不分配到其他机组；如果机组已响应上次的控制命令，则将本次的控制命令立即下发。

（4）最大调节量校验。如果控制命令对应的调节增量大于给定的最大调节量，限制在最大调节量上，未承担的调节量分配到其他机组。

（5）机组运行限值校验。将控制信号限制在机组可调容量限值上，未承担的调节量分配到其他机组。

（6）断面安全校验。机组调节要考虑其所属断面的安全情况，当断面处于正常区时，机组调节不受断面约束；当断面处于紧急区时，机组出力限制在当前出力，防止断面越限，此时断面的常规机组只能向断面恢复方向调节；当断面处于越限区时，将断面越限需要下调的调节量分配给断面下的机组，尽快恢复断面。

（7）区域反调校验。区域处于帮助区或紧急区时，不允许机组向区域调节功率的反方向调节。用户可根据实际需求决定是否启用此项校核。

（8）升（降）闭锁校验。手动或条件触发对机组置升（降）闭锁，此时不允许指令值大于（或小于）当前出力。

系统主要包括三个方面，分别是数据采集处理、系统接口、系统功能和性能指标。

5.3.1　单一自动发电控制的控制模式

（1）区域控制偏差。

区域控制偏差（area control error，ACE）是指当前电力系统受到负荷、发电功率以及频率等因素的影响而造成实际值与标准值之间存在偏差。它是用来评判控制区内的发电功率与用电负荷之间是否平衡的标准。其计算式为

$$ACE=\left[\sum P_{ii}-\left(\sum I_{oj}-\Delta I_{oj}\right)\right]+10B\left[f-\left(f_0+\Delta f_t\right)\right]$$

式中：$\sum P_{ii}$ 为系统控制区域所有联络线上的实际量测功率之和；$\sum I_{oj}$ 为控制区域与控制外区域的计划交易之和；B 为控制区频率响应系数；f 为频率的实际值；f_0 为频率的额定值；ΔI_0 为因控制区域的交换功率偏离计划值后所产生的计划外的交换电量；Δf_0 为频率偏离所产生的时差。

系统中的 ACE 是由装置和调度之间存在偏差而产生的，所以为了消除偏差，就需要对频率和交换功率变化进行考虑，此外还需要继续对能量和时间误差进行考虑，并对它们进行不断地修正。ACE 与系统参数之间存在的关系式为

ACE= 频率偏差 × 偏差系数 + 联络线交换功率的误差

在电网中 ACE 的值是衡量区域内发电和负荷两者之间是否平衡的标准依据。在电力系统中，通过调整发电机组的有功功率来对频率进行调整，将 ACE 控制在规定范围内。

（2）单区域的控制模式。

单一区域下的频率控制存在三种基本的控制模式，下面我们对这三种模式进行分析：

1）定频率控制（flat frequency control，FFC）。

由系统之间的功频特性可知：在 FFC 模式下，若 A 或者 B 区域电网受到异常负荷的

影响而使频率产生偏移时，则 A 或者 B 的调频器就会对偏差快速响应并对其进行调整。当频率偏差被调整至 0 时，系统的调节就会随之停止。若 A 与 B 相互连接，则此时两区域之间联络线的功率变化量为

$$\Delta P_t = \left(\Delta G_a - \Delta L_a\right) - K_a \Delta f = \Delta G_a - \Delta L_a$$

或

$$\Delta P_t = \left(\Delta L_b - \Delta G_b\right) + K_b \Delta f = \Delta L_b - \Delta G_b$$

因此，在使用定频率控制方式下的互联系统中，当联络线上的交换功率 $\Delta P_t \neq 0$ 时，那么则说明系统的一次调频对其进行了作用，但并没有完全调节完毕，甚至有时的值会很大。如果此时对系统进行足够的二次调整，那么就能够抵消各个区域的扰动负荷，则能使系统偏差为零。即当 $\Delta G_a = L_a$，$\Delta G_b = L_b$ 时，则可保证 $\Delta P_t = 0$，$\Delta f = 0$。

2）定交换功率控制（flat tie-line control，FTC）。

通过两互联系统联络线上的功率特性得知

$$\Delta G_a - \Delta L_a = K_a \Delta f$$
$$\Delta G_b - \Delta L_b = K_b \Delta f$$

当系统处于这种控制模式时，只要有一个区域系统的功率出现不平衡，就会对该系统的频率产生影响。当 $\Delta P_t = 0$ 时，调节随之停止，这时就无法使系统重新稳定在正常工作频率中。所以控制模式这种只能用于控制系统容量较小的电网，并且另一个系统只能用 FFC 方式，才能使频率维持在系统允许的范围之内。

因此这种方式只能允许在小系统中运用，其公式为

$$ACE = \left[\sum P_{ii} - \left(\sum I_{oj} - DI_{oj}\right)\right] = \Delta P_t$$

式中：$\sum P_{ii}$ 为控制区域内联络线上的全部实际量测值；$\sum I_{oj}$，ΔI_{oj} 分别为控制内区与外区的计划交易值的和。

由上式可以得出，这种模式与 FFC 模式相反，ACE 的值仅与联络线上的交换功率的分量有关。当系统的稳定性受到影响时，联络线上将会产生计划之外的净交换功率分量，所以 AGC 开始进行调节，将 ACE 的值调整至 0，并且使频率重新控制到规定值。

5.3.2　互联电力系统 AGC 控制策略

当互联电力系统在交换功率给定的情况下进行 AGC 控制时，其控制原则为各自区域因扰动负荷而造成的偏移由各自区域自身进行调整解决，只有处于紧急的情况下，相邻系统才会相互给予支援。若互联电力系统要想在动态调节中得到最佳结果，就要对以下因素进行考虑：①每一个控制系统仅能使用一种 AGC 控制策略；②互联控制区中最多只能使用一个定频率控制模式；③互联控制系统中，控制区最多只能使用一个定交换功率控制模式。

以下将讨论两个互联电力系统中各种不同的 AGC 控制策略相组合的性能特征。为方

便直观地了解，我们给予某区域负荷扰动为 0.1MW（标幺值），且对各个互联方式进行仿真，并附上仿真图进行说明。

（1）FFC-FFC。其控制模式如图 5-8 所示。

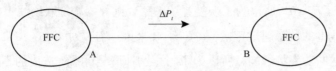

图 5-8　FFC-FFC 控制模式

若 A、B 两互联系统的频率是一样的，并且均使用定频率控制（FFC）模式，其中 A、B 的频率响应系数分别为 K_a 和 K_b，正常情况下，联络线的功率传输是由 A 至 B 系统。则此时各区域的 ACE 可以表示为

$$ACE_a = K_a \Delta f$$
$$ACE_b = K_b \Delta f$$

根据式（3-15）可以得出，当系统 B 受到扰动负荷的影响，这时系统频率开始下降，$\Delta f < 0$，则系统 A，B 的 ACE 值都小于。为了恢复频率的稳定性，系统 A、B 开始增大自身机组出力，并且 A 经联络线向 B 输送大量功率，$\Delta P_t \neq 0$。经过一系列控制，系统 A、B 的频率逐渐恢复正常，当 $\Delta f = 0$ 时，虽然 ACE_a 和 ACE_b 都等于 0，但 A 与 B 之间的联络线上始终有传输功率，并且前面为了对频率进行调整，A 向 B 传输的功率增大，而 ACE_a 与 ACE_b 中都没有 ΔP_t 分量，所以系统 A、B 都不能进行有效的控制联络线上的交换功率，可能会使明 $\Delta P_t \neq 0$，从而使两个系统之间的交换功率出现紊乱现象。

（2）FFC-FTC（定频率一定联络线控制模式）。其控制模式如图 5-9 所示。

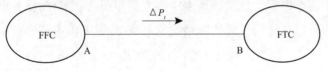

图 5-9　FFC-FTC 模式图

若系统 A、B 频率是一致的，系统 A 采用的是定频率控制模式（CFFC），系统 B 采用的是定联络线功率控制模式（CFTC），则该配合模式下各区域的 ACE 为

$$ACE_a = K_a \Delta f$$
$$ACE_b = -\Delta P_t$$

根据上式可以得出，A、B 系统的频率响应系数分别为 K_a 和 K_b，联络线上功率的传输方向由 A 至 B。当系统 A 受到扰动负荷的影响时，将会导致系统频率开始下降，$\Delta f < 0$，则根据式（3-33）可以得出，此时 ACE_a 的值为负。所以为恢复系统频率，则系统 A 内的机组开始增加有功出力，同时向 B 传送的联络线功率开始减少，$\Delta P_t < 0$。因为 B 系统只减少了联络线上的输送功率，所以只需对（$-\Delta P_t$）进行调整，但 A 此时因受到扰动而

导致传送量减少，所以 B 系统得到的传输功率无法弥补自身功率的缺额，结果无法保证 $ACE_b=0$，并且这一系列的操作会使 B 系统的功率缺额进一步增加，所以对于整个互联系统，这种策略不可用。反过来，当 B 系统受到扰动负荷的影响时，将会导致整个系统频率开始下降，导致 $ACE_a<0$。所以为了恢复系统频率，则开始增加联络线上的输送功率 ΔP_t，这就会导致联络线上的功率超过正常值。对于 B 来说，需要对（$-\Delta P_t$）加强控制，A 系统此时经联络线输送的功率将增加，所以为了阻止这种情况对系统造成的不利影响，要增加 B 系统调频机组的有功功率。但这种模式只能用在大系统与小系统的相互连接的电网中，而且大系统必须要有足够的调节容量来使整个系统的频率质量恢复稳定。

5.3.3　火电 AGC 辅助服务交易计划

厂网分开后，调度中心为了保证电网频率稳定和联络线功率传输保持恒定，需要一些电厂提供 AGC 服务。这也是保证电网安全和电力市场正常运营的一项重要的辅助服务。如何选择电厂来提供 AGC 服务，是交易计划制定方法的一项重要内容。本文考虑利用市场机制，通过竞价的方法，安排 AGC 机组就 AGC 服务竞价。特别是火电机组主要采用投标型交易方式，即火电机组以现货市场竞价的方式提供 AGC 服务，从价格低的开始选取，直到既要满足电网的需要又要满足技术约束条件。

AGC 机组既可以在 AGC 市场竞价、提供 AGC 服务，也能在电能量市场竞价发电。但是，为了保证 AGC 机组提供高质量的 AGC 服务，真正体现出 AGC 服务的经济价值，应该避免 AGC 机组同时参与两个市场交易：一般的做法是在日前市场里，调度中心根据未来 24h 的负荷情况，首先制定合同机组的计划出力，占预测的最大负荷的 80%~85%，合同出力计划下发给各个电厂。然后，调度中心开始组织 AGC 辅助服务市场和现货电能交易市场。各个电厂可以自己机组的实际情况选择 AGC 服务市场还是现货市场，也可以在两个市场里都参与竞价。但是，调度中心应首先组织 AGC 市场，选择 AGC 机组提供 AGC 辅助服务，然后再组织现货电能量市场，特别需要强调的是凡是在 AGC 市场中标的机组不能参与现货市场的竞争。

具体竞价方案参考美国新英格兰州电力市场中现货市场的运作方法。AGC 服务投标的具体要求如下：

（1）投标必须在每日交易的截至期限 14:00 之前提交，以便在下一个调度周期加以设施。

（2）为了简化计算，参与 AGC 服务的机组每个工作日只能申报一个投标价格，投标价格单位定为元 /MWh，具体运作过程参见后文。

（3）机组在申报价格的同时，还要申报机组的额定容量、调整容量、调整速率和调整偏差。

（4）中标后的机组不能参与现货电能量市场的竞价。

（5）要求最小调整容量在 10MW 的机组才能参与 AGC 市场投标。

在 AGC 机组的竞价投标方案里，不仅要考虑价格因素，还要考虑 AGC 三个效能系数：调节容量、调节速率、调节偏差。由于 AGC 机组的参数各不相同，如果仅考虑价格因素进行选择投标机组，将严重缺少公平性。所以，需要将各种参数进行处理，保证竞争的公平性。本论文就此问题进行研究，提出一种归一化方法进行参数处理。进行归一化方法处理，类似于系统计算时用的标幺制方法，即参数不同的 AGC 机组可以在同一标准下进行较为公平的竞争。

5.4　水火电机组协调控制

根据区域总调节功率为控制目标的控制性能评价标准（CPS）控制策略，省级电网 AGC 应用该策略已取得良好效果。大型水电站由于具有调节容量大、调节速率快、响应时间短等特点，在调节容量充裕下可以满足频率和联络线功率控制要求。但是，汛期时，过多的弃水使得水电资源得不到最大限度的利用；枯期时，水电机组 AGC 调节能力大大降低而火电机组 AGC 又不能有效地进行调节，从而造成过多的 CPS 不合格，影响了整体 AGC 的调节品质。很长时期以来，由于煤质等问题的困扰，火电机组 AGC 投入比例和调节效果远不及水电机组 AGC 理想，未能有效地参与 AGC 调节。因此，需要调整现有 AGC 策略，充分利用电网现有 AGC 资源，协调控制水火电 AGC 机组，使其适应 CPS。水火电联合调整的控制策略，在实际工程应用中取得了良好的效果。

将 AGC 机组按调节特性细分为多组，每组机组在不同时段下采取不同的控制模式，更好地实现了电网水火电机组 AGC 的协调优化控制。

5.4.1　协调控制策略

在水火电协调控制模式下，采用性能较好的火电机组跟踪超短期负荷预测趋势变化，性能稍差的机组大部分时间采用相对平稳的计划值运行。依据电网负荷变化和参与 AGC 的机组特点提出电网的水火电协调控制策略。图 5-10 为电网典型日统调负荷曲线变化和联络线功率曲线变化。

从图 5-10 中可知，电网统调负荷以及联络线负荷变化具有以下特点：

（1）系统波峰波谷明显且幅度较大。

（2）各个时段负荷变化趋势不一致。

根据系统负荷和联络线变化趋势，可细分为 5 个时段：00:00~06:00（简称第 Ⅰ 时段）处于负荷平稳时段，06:00~11:30（简称第 Ⅱ 时段）处于长时间爬坡过程，系统负荷处于单向增加；11:30~12:40（简称第 Ⅲ 时段）为系统负荷迅速下降过程；12:40~20:25（简称第 Ⅳ

时段）系统负荷较为平稳；20:25~24:00（简称第Ⅴ时段）又出现系统负荷明显下降过程。根据各时段的特点，电网的水火电协调控制采取分时段控制，根据不同水电、火电模式进行预先排序成组，不再按照分摊因子分配出力而按机组容量和调节速度作为组别分类的依据，将水火电机组分为水电1组、水电2组、火电1组和火电2组。其中，中小水电机组设定为水电1组，大型水电机组设定为水电2组；另外，调节性能好的火电机组设定为火电1组，调节性能较差的火电机组设定为火电2组。编排控制的目的在于利用火电机组在超短期负荷预测模式或计划值模式下跟踪省内负荷，中小水电机组跟踪联络线和频率变化，大型水电厂适当参与调节。

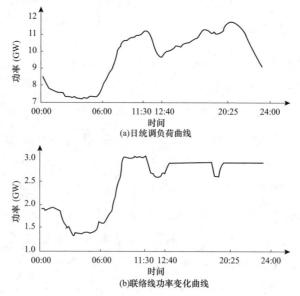

图 5-10　日负荷变化曲线和联络线功率变化曲线

电网 AGC 采取水火电机组协调控制策略是可行的。在电网频率和联络线功率波动较大的情况下，可以采取分时段控制。

（1）在负荷快速变化时段采用的方案为：依靠全网所有参与 AGC 的火电机组采用超短期负荷预测。进行超前控制，并配合中小水电的系统频率和联络线功率波动的快速调整，而大型水电厂较少参与频率和联络线控制。该控制策略在满足 CPS 的前提下，针对全网的快速变化充分利用所有火电资源，有效减少大型水电机组的出力变化。

（2）在负荷平稳时段采用的方案为：性能好的火电机组依然执行超短期负荷预测控制，性能差的火电机组执行电厂计划值控制；大型水电机组不再参与频率和联络线控制，而中小水电机组的控制目标依然不变。采用这种策略充分考虑火电机组性能差异，尽管火电机组 AGC 是滞后控制，但调节品质未受过多影响且利于火电机组平稳运行。同时，大型水电厂能处于较高的出力水平从而达到减少弃水的目的。该策略实施后大大减少了调度运行人员的工作量，提高了水火电调节综合利用水平。

5.4.2　超短期负荷预测实现 AGC 超前控制

负荷预测是电力系统经济调度中的重要内容，是能量管理系统（EMS）的一个重要模块。负荷预测按其预测所取时间长度一般可分为长期、中期、短期和超短期负荷预测，其中超短期负荷预测主要用于安全监视、预防性控制和紧急状态处理，预测精度对电网安全、发用电平衡及提高电网频率合格率有着举足轻重的作用。

超短期负荷预测是指预测未来 1h 内负荷的变化，主要用于 AGC 调频、超短期机组出力控制、安全监视、指导调度员控制联络线交换功率在规定范围、预防控制和紧急状态处理、电力市场小时交易计划软件编制。超短期负荷预测具有预测时间短、预测速度快以及预测精度要求高等特点。到目前为止，国内外学者在电力系统负荷预测方面作了大量的工作，研究出了许多负荷预测方法。总体来说，超短期负荷预测的发展大致经历了 3 个阶段：传统预测方法阶段、现代预测方法阶段和综合预测方法应用研究阶段。

为了实现 AGC 的超前控制，必须利用超短期负荷预报的结果，提前对机组进行调整。这样当系统负荷发生变化时，发电机出力才能及时满足负荷变化的要求。

对于 AGC 的超前控制，可以降负荷预报分量作为调节功率蠢立。当 AGC 采用 PI 控制时，调节功率计算式为

$$P_R = G_p A_{CE} + G_I A_{CE} = P_p + P_I$$

式中：A_{CE} 为区域控制偏差；A_{CE} 为 ACE 积分；G_p 为比例增益系数；G_I 为积分增益系数；P_p 为调节功率中的比例分量；P_I 为调节功率中的积分分量。

当计及超短期负荷预报时，每隔 N 个 AGC 控制周期，将上式中的 P_R 修正为

$$P_R = P_p + P_I + K \Delta P_{If}$$

$$\Delta P_{If} = \gamma_{If} T_{AGC} N$$

$$\gamma_{If} = \frac{\Delta P_{Imax}}{\Delta t}$$

式中：ΔP_{Lmax} 为在未来一段时间 ΔT（如 30min）内系统负荷的最大变化；Δt 为对应的 ΔP_{Lmax} 的时间；T_{AGC} 为 AGC 控制周期；N 为一给定值；γ_{If} 为预测的负荷爬速度；ΔP_{If} 为在 N 个 AGC 控制周期内系统负荷的预计增量；K 为在系统的负荷爬坡过程中，由 AGC 机组承担的负荷增量占总负荷增量的比例系数，取值为 0~1。这种方法一般适用于 AGC 可调容量比较充足且调节速度比较快的系统，以便更好的保证 AGC 的动态调节品质。

5.5　本章小结

本章主要介绍 AGC 控制标准，火电、水电 AGC 的控制方式和控制方法，以及火电、水电的协调控制方式。

6 储电控制技术

风电等间歇式电源具有波动性和不确定性，且目前绝大多数间歇式电源对电网不表现出惯性，大规模接入后会显著加剧电网调频压力，尤其是当含大规模风电的电网发生冲击性负荷扰动时，传统电源的调频容量及响应速度将难以满足调频需求，负荷增长较为缓慢，供大于求的现象较为严重，同时风电和光伏存在间歇性特点，对电网运行带来较大安全隐患，清洁能源接纳问题已较为突出，该问题已成为电网接纳风电的主要制约因素之一。因此，为缓解间歇式电源并网瓶颈并改善电网频率指标，有必要引入新的辅助手段，而储能的快速响应特性使其在参与电网调峰调压调频方面具有优势。

6.1 储能电池的种类及投入作用

6.1.1 储能电池的种类

由于不同电池类型在额定功率、效率及寿命、持续放电时间、技术特点等方面各自具有不同特性。下面将介绍几种电池的类型以及特点，见表6-1。

表6-1 几种典型电池储能系统的技术特性对比

电池类型	比容量（Wh/kg）	比功率（W/kg）	充放电效率（%）	特点
铅酸	35~50	75~300	70~80	技术成熟，成本较小，寿命低，环保问题
镍镉	75	150~300	60~70	比功率高，成本较低，环保问题，自放电率高
Li-ion	150~200	150~315	90~95	比能量高，成本高，成组应用技术有待改进
NaS	150~240	150~230	75~90	比能量高，成本高，运行安全问题有待改进
VRB	80~130	50~140	75~80	寿命长，可深度放电，能量密度低，占地多

（1）铅酸电池：这种电池的电极主要为铅及其氧化物，电解液是硫酸溶液。充电状态下，正极主要成分为二氧化铅，负极主要成分为铅；放电状态下，正负极的主要成分均为硫酸铅。由于自身结构上的优势，铅酸阀控电池的电解液的消耗量非常小，在使用寿命内基本不需要补充蒸馏水。而且它还具有耐震、耐高温、体积小、自放电率小的特点。现今铅酸电池的技术已经非常成熟，其制造过程并不复杂，制造成本也较为低廉。但是铅酸电

池的充电过程缓慢，不能深度充放电，且循环寿命较短。能壁密度小，体积大。原材料所使用的铅和硫酸是高毒性的，泄漏将会危害环境。体巧比能量和质量比能量较低，在很宽的温度范围内性能稳化。

（2）镍镉电池：镍镉电池采用金属镉作为负极活性物质，氢氧化镍作正极活性物质。镍镉电池充放电循环寿命达到千次以上，经济耐用。其内阻很小，可以快速充电，所以可为负载提供大电流，而且放电时电压变化很小，是一种非常理想的直流供电电池。多用作数码设备电池，但因其有"电池记忆"问题且镉有毒，已被多数欧洲国家禁用属于淘汰类产品。

（3）锂电池：锂电池是一种由锂金属或锂合金为负极材料、使用非水电解质溶液的电池。锂离子电池主要优点有：比能量高、使用寿命长、额定电压高、具备高功率承受力、安全环保。目前锂电池只大量运用于手机、电脑电源等小型设备中，部分用于动力电池。近期随着磷酸亚铁锂技术的成熟，锂电池用于大容量储能功能的技术瓶颈已经获得突破。

（4）钠硫电池：钠硫电池由熔融液态电极和固体电解质组成的，构成其负极的活性物质是熔融金属单质钠，正极的活性物质是硫和多硫化钠熔盐，由于硫是绝缘体，所以硫一般是填充在导电的多孔的炭或石墨毡里，固体电解质兼隔膜的是一种专门传导钠离子被称为 Al_2O_3 的陶瓷材料，外壳则一般用不锈钢等金属材料。钠硫电池的主要特点是能量密度大（是铅蓄电池的 3 倍）、充电效率高（可达到 80%）、循环寿命比铅蓄电池长等，但在工作过程中需要保持高温。

（5）液流电池（包括钒电池、锌溴电池）：液流电池的可溶解活性物质分装在两大储存槽中，当溶液流经液流电池时，离子交换膜两侧的电极上分别发生还原与氧化反应。此化学反应为可逆的，因此液流电池具有多次充放电的能力。其储能容量由储存槽中的电解液容积决定，而输出功率取决于电池的反应面积。两者可以独立设计，因此系统设计的灵活性大而且受安装场地的限制小。液流电池已有全钒、钒溴、多硫化钠/溴等多个体系，液流电池电化学极化小，其中全钒液流电池具有能量效率高、储能容量大、100% 深度放电、快速充放电、寿命长等优点。

6.1.2 储能电池的投入作用

储能技术的发展对提高现代电力系统的运行能力和安全稳定、保证基于可再生能源发电的智能电网的良好发展等方面提供了有效的支撑。大规模储能技术应用在现代电力系统中，能方便有效地实现对用户侧的需求管理、降低或者消除昼夜负荷峰谷差、平抑负荷波动、提高电力设备的有效利用率来降低供电成本，同时还可有效促进可再生能源发电的发展及大规模并网、提高系统运行的安全性及稳巧性、参与电力系统的频率调整、改善电能质量及保障供电可靠性等为智能电网的建设和发展提供了灵活、有效的手段。总体来看，投入电池储能技术有以下几个作用。

（1）削峰填谷。

如今电力系统装机总量及社会用电总量不断增加，居民用电和工业用电需求增长幅度急剧上升，电力负荷昼夜间、不同季节间日益扩大的峰谷差问题越发严峻，负荷峰谷差通常能达到发电出力的 30%~40%，并在近些年有上升趋势。传统电力生产过程是连续的，它要求发、输、变、配电和用电在同一瞬间完成，发电、供电、用电需要时刻保持平衡，同时还要求电力系统必须有一定的发电备用容量，而目前系统现有的发输配电设备无法完全满足尖峰负荷的要求，就需要新增发输配电设备，这是十分困难，也是十分不经济的。目前电力系统的运行是依靠常规发电厂承担调峰任务，以火电厂为主，而在负荷低谷时，往往通过减少大型火电厂机组出力的方式来保证电力平衡，部分电厂的小型机组还需要根据运行情况实行日开夜停机制，这将极大降低火电厂的能源运转效率和品质，严重影响机组的安全经济运行，增大发电成本，造成电厂的经济损失。

如果在电力系统中配置高能量密度、响应速度快的大规模储能系统，实现在负荷低谷时将电网富余的电能吸收存储，在用电高峰时作为发电机向电网输送电能，满足负荷需求，将低谷电能转化为高峰电能，有效降低负荷峰谷差，削峰填谷、平滑负荷，提高负荷率。储能技术在削峰填谷、提升负荷率的同时，还可有效改善部分火电机组的运行条件，增加火电机组的稳定运行时长，间接地降低火电厂的运行费用和发电成本，减少环境污染。储能系统的投入使电网负荷趋于合理，电网运行更加高效、经济，甚至可减少电源和电网的新增建设；在输配电电网方面，可减少系统备用容量，降低调峰调频机组需求，减少损耗，提高设备、能源和资产利用率，有效改变电力系统建设模式，满足低碳社会发展的需要。

（2）提高输配电及用电侧的电能质量和供电可靠性。

电能质量和供电可靠性对电网的安全经济运行有着重要意义，用户侧用电设备的工作状态直接受其影响，尤其是现代社会中高精密度电子芯片制造业、具备高自动化生产设备企业及高性能高精度设备制造企业对电能质量和供电可靠性的要求比一般用电设备的要求高很多。同时，第一类负荷（例如医院、消防、通信、银行、政府等）要求在电网发生突发事故和电网崩溃时不允许中断供电，将储能设备应用于电力系统中，可充当不间断电源或应急电源，满足不间断供电的要求，为电网恢复争取时间并避免电网事故进一步扩大。

此外，电压跌落、涌浪电压、电压波动与闪变以及供电中断是目前配电系统中主要常见的电能质量问题，而且配电系统中 90% 上的电能质量问题的持续时间相对较短，一般不超过 30s，若在系统的用户侧接入具有快速功率响应能力的容量型或功率型储能系统，借助于能量转换系统的电力电子变流技术，可实现高效的有功功率实时调节和无功功率实时控制，快速有效地平衡系统中的不平衡功率，有效改善电压波动化、抑制系统振荡、减少电压暂降、改善电压电流波形畸变及闪变等、减少扰动冲击，改善并提高电网运行可靠性与电能质量水平。

（3）系统调频，改善电网特性。

如今电力系统规模不断扩大，负荷变化速率迅速提高，新能源发电大规模并网及电力市场日益深化都给电力系统的调频带来了新的要求与挑战。电力系统中的电力供应与负荷需求之间难以实现平衡，系统频率不断变换，为了确保电网的稳定性和可靠性，需要对电网频率实时调整，将频率维持在 50Hz 左右。传统的调频方式是通过快速增减输出功率来维持发电功率与负荷需求的平衡，但常规调频化组响应慢、爬坡速率低的限制与不足易导致：①因爬坡慢而不能较快地实现调度目标从而快速实现再调度，因而不能提供所有的区域控制误差校正；②因爬坡慢而无法快速改变方向，有时甚至会提供反向调节，因而发电机有时会增加区域控制误差。储能系统具有响应速度快、功率精确跟踪等特点使其比传统调频手段高效。将储能系统与先进的电能转换和控制技术相结合，可以实现对电网的快速控制，改善电网的静态和动态特性。储能装置具有转换效率高且动作快速的特点，能够与系统独立进行有功、无功的交换。因此，储能装置可根据系统负荷变化快速调整出力来稳定系统频率及减少不必要的联络线功率流动，储能装置的投入可有效改善系统频率，解决旋转备用不足的问题。

（4）提升可再生能源发电或微电网的运行能力。

以风能、太阳能为代表的可再生能源发电在世界各国快速发展。受自然条件限制，风能、太阳能等可再生能源发电具有波动性、随机性、出力变化快及不可控性等特点。若直接并网运行，其相当于一个具有不可控性与波动性的随机扰动源，会给电网造成电压波动与闪变、谐波污染、暂态电压失稳、局部电网电压和联络线功率的失稳等诸多方面的影响，影响电网电能质量和运行稳定性，这些可再生能源发电大规模并网给电网带来的负面影响已成为其发挥清洁能源替代作用和进一步发展的最大瓶颈。

储能技术为解决可再生能源发电系统的大规模并网问题提供了有效途径。通过在可再生能源发电系统中配备高效储能装置及其配套设备，根据运行需求快速切换充放电状态，可解决可再生能源发电出力的随机性与波动性，减少发电出力快速变化对电网造成的冲击，保证供电的持续性与可靠性，改善发电机组输出电压、频率等电能质量指标，维护系统稳定此外，由于传统集中式大电网存在运行灵活性差、运行维护成本高及难以适应多样化供电需求等缺陷，而分布式发电具有环境友好、效率高、可靠性高及安装地点灵活方便等优点，能有效弥补集中式大电网的缺陷，将可再生能源发电技术与分布式发电形式相结合，结合能量转换系统、各类保护装置等构成微电网成为未来电力系统发展的必然选择。微电网既可与大电网并网运行，也可孤岛运行，在微电网中配置高效的储能装置可有效解决微电网运行中存在的低电压穿越、稳定性及电能质量等问题，实现改善系统的有功无功平衡、平滑输出功率、减少电压波动及满足毫秒级的短时动态功率补偿等功能。

（5）提高大电网系统的稳定性与安全性。

我国一次能源主要分布在西部地区，电力负荷中心主要集中在东部沿海地区，能源与负荷分布不平衡，电为系统覆盖区域面积大，输电线路跨度长，系统结构薄弱，电源距离负荷中也较远。同时，电力负荷急速增加，系统规模不断扩大，综合负荷构成日益复杂，区域电网耦合性增强，系统的安全性和稳定性问题越发突出。传统电力系统在系统发生故障后主要通过安全自动控制装置及切机或切负荷等措施实现电力系统被动致稳的紧急控制，这些被动的控制措施灵活性差，无法同时实现在同一装置的有功/无功协调控制，而且控制效果受系统运行状态影响严重，常常无法达到满意效果，导致了大面积停电事故的不断发生。

大规模储能系统具有响应时间短、功率转换效率高、能量密度高以及有功/无功协调控制灵活方便等特点，可用于解决电力系统安全稳定运行面临的问题。将储能装置与先进控制装置结合，建立多点大规模储能系统参与及支撑的电力网络，对电力系统扰动进行快速控制，可改善电力系统的动态和静态特性，有效支撑电网电压和频率稳定，消除电网区域振荡，提高系统的暂态稳定性与安全性。当系统出现小扰动时，系统表现为静态稳定问题，传统电力系统主要依靠 PSS 自动励磁控制增大系统的阻尼，有效抑制系统振荡，但这种控制方式通常对局部振荡有较好的抑制效果，对大型复杂互联系统中出现的区域间的多模式低频振荡的控制效果较差。若将储能系统用于振荡稳定控制，无需配合发电机的励磁控制系统，可直接作用于抑制振荡的有效位置，针对不平衡功率精确补偿，消除功率不平衡引发的低频振荡，达到主动致稳的效果，储能系统参与电网的稳定控制，具有整定装置参数简单方便、鲁棒性好、受系统运行状态影响小等优点。

（6）提高发、输、配、用电设备的利用率，改变电力建设的增长模式。

发电系统和输配电系统均按照每年的最高用电负荷对发电和输配电容量进行规划和建设。而城市负荷越来越呈现明显的大都市负荷特性，一些地区日负荷率约 50%~60%，昼夜峰谷差日益扩大。储能系统一旦形成规模，可以通过储能系统提高发电和输配电环节的设备利用率，减少相应的电源和电网建设费用。这将彻底改变现有电力系统的建设模式，促进其从外延扩张型向内涵增效型转变。储能系统在初期虽然单位成本较高，但一旦实现规模化生产，特别是完成国产化后，成本将大幅下降，未来可节约几百亿的电源、电网建设费用。同时，城市中可用于发电厂、变电站和输电通道建设的土地资源也越来越紧张。而储能系统可以结合用户需要和变电站的建设，分散安装、紧凑布置，减少电力系统各个环节的设施建设所需的土地和空间资源，具有良好的社会效益。

6.2 储能电池的控制策略

6.2.1 调峰控制策略

在调峰控制下，储能系统此时主要用于平滑一个时间段（小时级别）的输出功率，保证一个时间段的输出功率的相对平滑。

为了实现对一个时间段内的输出功率的平滑，需要引入新能源发电的功率预测功能，评估下一个时间段新能源具备的可能发电能力，用以制定储能系统的控制策略。

（1）功率平滑参考值的确定。

功率平滑参考值是指：根据新能源发电预测得到的预测功率曲线，引入储能系统的充放电补偿后，两者功率平滑后所得到期望值。当新能源发电有电网调度时，功率平滑参考值就是电网调度给定的功率；当没有电网调度计划时，需要自给定一个合理的参考值作为参考，作为平滑功率输出的目标。在没有电网调度计划时，为了实现调峰控制的要求，首先必须优先确定接下来时间段的功率平滑参考值。该值的原则是：以功率平滑参考值作为参考，其与新能源功率预测曲线围成的区域必须满足：可充电区域的面积≥放电区域面积，且两者越接近越好。即

$$W_{\text{charge}}\left(P_{\text{ref}}\right) \geqslant W_{\text{discharge}}\left(P_{\text{ref}}\right) \tag{6-1}$$

如图 6-1 所示，只有当平滑参考值为 P_{ref2} 时，才满足式（6-1）的要求，也满足"可充电区域的面积与放电区域面积越接近越好的原则"时，才能通过储能系统的充放电完成平滑功率到 P_{ref2} 的目的。

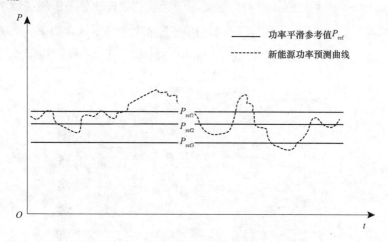

图 6-1　功率平滑参考值与功率预测曲线示意图

（2）储能电池充放电功率的确定。

在确定了功率平滑参考值的情况下，可以确定调峰模式下储能系统的充放电功率。

图 6-2 为用以确定储能电站的充放电功率的示意图。在调峰控制下，储能系统用于"削峰填谷"，此时其作用并不是一旦新能源发电功率偏低就放电补偿、功率偏高就充电，而是在一定的原则下进行合理的充放电控制。具体如下：当新能源发电机组功率预测曲线与功率平滑参考值曲线围成的区域包含的能量超过一个能量阈值△时，才启动储能电站进行充电或放电操作，其中能量阈值△与储能系统的容量、SOC 有关：充电时，SOC 越大，△则越小；放电则反之，当 SOC 越大时，△则越大等。

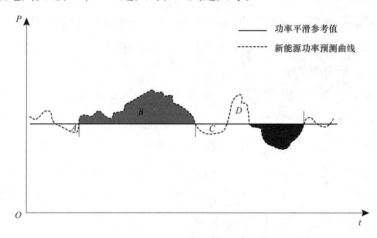

图 6-2 储能电池的充放电示意图

在进行调峰控制策略下，要求储能系统的容量较大，根据目前研究及示范工程可知，在控制策略下储能系统的容量为新能源发电系统容量的 20%~30%。

6.2.2 调频控制策略

储能系统工作于调频控制策略时，主要用于无功功率输出调节、频率调节等，通过与监控系统或调度系统相配合，可以实现调频功能。储能变流器具有频率调节的接口，储能电站监控系统通过该接口下发频率期望值，即可实现调频。调频系统原理图如图 6-3 所示。

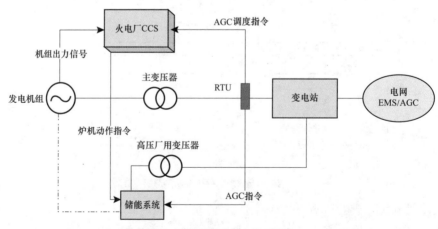

图 6-3 调频系统接入原理框图

储能系统的总控单元与电厂 RTU 和 DCS 系统通过通信接口 / 硬接线方式连接，接受 AGC 调度、DCS 投切操作等指令，同时上传储能系统状态信号。储能系统总控单元根据接收到的 AGC 指令等运行数据，经过算法确定储能系统出力指令，并下发至储能系统子控制单元，控制储能系统运行和出力。储能系统接入后，现有的 RTU 设备在向机组发送 AGC 指令的同时，需增设发送给储能系统的信号。

结合储能电池的容量限制、SOC 因素和电网调频需求，提出了基于储能电池 SOC 变化的自适应控制策略，从而确定其出力深度。

在储能电池荷电状态 Q_{SOC} 上下限之间划分 5 个 SOC 带，分别设定 SOC 高中间值（Q_{SOC_1}）、较高值（Q_{SOC_high}）、较低值（Q_{SOC_low}）、低中间值（Q_{SOC_0}）和最低值（Q_{SOC_min}）。根据自适应控制方法即可确定储能电池参与调频的最佳出力深度，实现协调控制的目标。K 的取值为关于 SOC 的分段函数，具体描述如下：

（1）Q_{SOC} 处于 [Q_{SOC_low}，Q_{SOC_high}] 范围内。

此区域内储能电池容量较为充足，上、下可调功率为单位调节功率最大值 K_{max}，标幺值取 24，K_{ch}、K_{disch} 分别为充、放电时单位调节功率值。

$$K_{ch} = K_{max} = K_{disch}$$

（2）Q_{SOC} 处于 [Q_{SOC_min}，Q_{SOC_low}] 范围内。

为充分发挥储能电池的调频能力且不影响其使用寿命，将储能电池的单位调节功率表示成 Q_{SOC} 的函数，K_{ch} 取为 K_{max}，K_{disch} 可根据以下 2 个式子确定（其中，n 为自然数，取值区间为 [1，20]）。

当 $Q_{SOC\_min} \leqslant Q_{SOC} \leqslant Q_{SOC\_0}$ 时，K_{disch} 取值为

$$K_{disch} = K_{max} \left/ \left\{ 1 + \exp \left[\frac{(Q_{SOC} - Q_{SOC\_0})n}{Q_{SOC\_min} - Q_{SOC\_0}} \right] \right\} \right.$$

当 $Q_{SOC\_0} \leqslant Q_{SOC} \leqslant Q_{SOC\_low}$ 时，K_{disch} 取值为

$$K_{disch} = K_{max} \left/ \left\{ 1 + \exp \left[\frac{-(Q_{SOC} - Q_{SOC\_0})n}{Q_{SOC\_low} - Q_{SOC\_0}} \right] \right\} \right.$$

（3）Q_{SOC} 处于 [Q_{SOC_high}，Q_{SOC_max}] 范围内，K_{disch} 取为 K_{max}，K_{ch} 可根据以下 2 个式子确定：

当 $Q_{SOC\_1} \leqslant Q_{SOC} \leqslant Q_{SOC\_max}$ 时，K_{ch} 取值为

$$K_{ch} = K_{max} \left/ \left\{ 1 + \exp \left[\frac{(Q_{SOC} - Q_{SOC\_1})n}{Q_{SOC\_max} - Q_{SOC\_1}} \right] \right\} \right.$$

当 $Q_{SOC\_high} \leqslant Q_{SOC} \leqslant Q_{SOC\_1}$ 时，K_{ch} 取值为

$$K_{ch} = K_{max} \left/ \left\{ 1 + \exp\left[\frac{-\left(Q_{SOC} - Q_{SOC\_1}\right)n}{Q_{SOC\_high} - Q_{SOC\_1}} \right] \right\} \right.$$

由图 6-4 中不同 n 值所对应的自适应策略曲线可知，当 n 值较小时，变化曲线接近定 K 控制策略曲线，而 n 值较大时，K 值随 SOC 变化范围较小，即自适应性相对较弱。因此，本章 n 取中间值 10，从而使之在实现较大 K 的同时，兼顾 K 随 SOC 变化的自适应性。在不同的 SOC 区间带内，采用不同的储能电池单位调节功率值 K_{ESS}，提出单位调节功率与 SOC 之间的关系。

本章所提策略根据 SOC 的不同来控制储能电池以不同的 K 值进行出力：当电网有功功率缺额，储能电池电量过剩（即 $Q_{SOC} > 0.6$）时，储能电池以 K_{max} 出力，即调频容量相对充足时，储能电池以最大速度释放电量，以优先保证功率需求，从而尽可能地减小电网频率偏差。此后，Q_{SOC} 迅速减小，当 $Q_{SOC} < Q_{SOC\_low}$，即储能电池调频容量相对紧张时，以变 K_{disch} 进行出力，随着 Q_{SOC} 减小至 Q_{SOC_min} 而停止放电。当电网有功功率过剩，储能电池电量（即 $Q_{SOC} < 0.4$）时，储能电池以 K_{max} 吸收电量，即调频容量相对充足时，储能电池以最大速度吸收电量，以优先保证功率需求，从而尽可能地减小电网频率偏差。此后，Q_{SOC} 迅速增大，当 $Q_{SOC} > Q_{SOC\_high}$ 时，即储能电池调频容量相对紧张时，以变 K_{ch} 进行电量储存，随着 Q_{SOC} 增大至 Q_{SOC_max} 而停止充电，以优先保证 Q_{SOC} 值维持在一定范围内，从而防止过充过放而影响使用寿命。

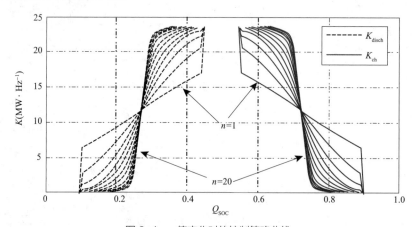

图 6-4　n 值变化时的控制策略曲线

调频评价指标：基于幅频特性分析提出时域评价指标，用于定量评价储能电池参与电网快速调频的效果。

针对阶跃负荷扰动，Δf_0、Δf_m、Δf_s、t_0、t_m 和 t_s 分别为扰动后的初始频率偏差、最大频率偏差、稳态频率偏差以及各自对应的时刻，其中 Δf_0、t_0 均取 0，t_m 和 t_s 分别称为峰值时间和调节时间；V_m 和 V_r 分别为频率下滑速度和频率恢复速度，对应表达式为（$\Delta f_0 - \Delta f_m$）/（$t_m - t_0$）和（$\Delta f_s - \Delta f_m$）/（$t_s - t_m$）。其中：Δf_m、Δf_s 值越小，表明调频效果越显著；V_m 越小、

V_r 越大，表明调频能力越强、频率响应越迅速。

针对连续负荷扰动提出频率偏差和 Q_{SOC} 偏差（偏离 Q_{SOC_ref} 的程度）的均方根值作为评价指标，分别为反映调频效果和 Q_{SOC} 保持效果的 f_{rms} 和 Q_{SOC_rms} 指标，具体如下：

$$Q_{SOC,rms} = \sqrt{\frac{1}{n}\sum_{i=1}^{n}\left(Q_{SOC,i} - Q_{SOC,ref}\right)^2}$$

$$J_1 = \sqrt{\frac{1}{n}\sum_{i=1}^{n}\left(f_i - f_0\right)^2}$$

式中：f_i 和 $Q_{SOC,i}$ 分别为第 i 个采样点的频率和 Q_{SOC}；f_0 为额定频率 50Hz；Q_{SOC_ref} 为 0.5；N 为总采样点数。

可见，J_1 取值越小，电网频率就越接近稳定值，调频效果越好；Q_{SOC_rms} 越小，SOC 越接近参考值，即 SOC 保持效果越好。

6.2.3 调压控制策略

为充分发挥分布式发电系统的效益和价值，相关电力工作人员和专家提出了微网的概念。微网是一种新型的电网组织形式，它是由分布式电源、本地负载、储能单元、监控组件及能量转换结合在一起。根据实际情况的不同，微网运行分为并网模式和孤岛模式，在控制策略切换时不合理的控制方式将会对主电网产生电流冲击，影响主网和微网的正常工作。风光储微网系统结构如图 6-5 所示。

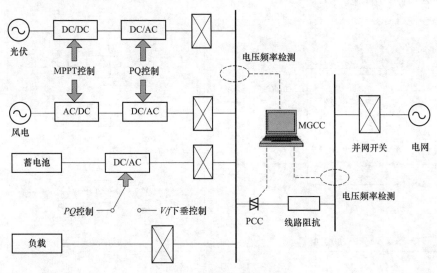

图 6-5 风光储微网系统结构

因此，微网系统的两种模式切换时必须进行平滑地无缝切换，从而降低切换过程所带来的负面影响。通过分析了切换过渡过程并提出一种电压电流加权控制策略，有效抑制了切换过程电流冲击，但过渡过程较长。分析微网并网和孤岛模式下控制器的结构，并网采

用 PQ 控制，孤岛采用 V/f-PQ 主从控制，并设计了控制器的状态跟随器，相对减小了切换时的冲击，但是控制器结构较为复杂。DG 在并网时采用 PQ 控制，孤岛时采用下垂控制，并设计了下垂额定点调节环，通过环路投切来实现微网的运行模式切换，对下垂控制进行了改进采用动态平移下垂曲线的方法来克服传输线路的压降影响，以及电网电压和频率的波动干扰。

通过分析了储能变流器的两种控制策略，并提出了一种改进的 V/f 下垂控制策略，将下垂控制和 V/f 相结合，克服了各自控制的缺点，并设计了预同步控制，降低了并网时的冲击电流，实现了微网在并 / 离网切换时，系统电压和频率的稳定。在并网模式下，对储能变流器采用 PQ 控制策略，使储能系统向 PCC 母线注入或吸收不同的功率，来保证母线电压在允许范围内波动。在孤岛模式下，风力和光伏系统采用最大功率跟踪控制，不能参与电压和频率的调节，此时储能变流器切换为改进的 V/f 下垂控制，为微网系统提供电压幅值和频率恒定的电压源。

储能变流器的控制策略在 PQ 控制和改进的 V/f 下垂控制间进行切换。微网控制器检测 P_{CC} 点母线电压和频率，对微网系统进行控制。

图 6-6 中，一般将 PQ 控制策略应用在并网运行模式，由大电网提供逆变器输出电压支撑，此控制需要调节逆变器的有功及无功功率的输出。控制器采用双闭环控制，外环功率环通过计算逆变器实际输出功率与给定参考功率调节生成电流内环参考信号，然后通过电流内环进行精细调节。

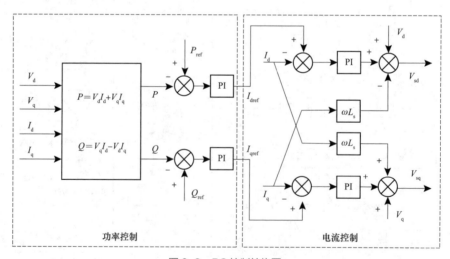

图 6-6 PQ 控制结构图

由于下垂特性，随着微电网负载的变化将导致电压和频率产生波动。需要调节微电源的输出保证微电网的频率恢复到额定值。

将下垂控制进行改进，使得传统的下垂控制系统可以在微电网失去电压和频率的支撑的情况下，承担起电压和频率的调节作用，并根据负荷需求调整逆变器的输出功率，保持电压和频率的变化在可允许的范围内。

图 6-7 控制器包括下垂控制、电压控制和电流控制。下垂控制根据下垂特性进行功率的合理分配，产生内环控制器的参考电压，得到的参考信号可用于逆变器的控制，使得微电源的输出功率跟随负载的功率变化，但是下垂控制是单环控制，逆变器输出的电压易受负荷变化影响，因此增加了电压、电流控制。电压控制采用 PI 控制器，主要起稳定接口逆变器输出端电压的作用，避免产生电压波动，保证输出的信号稳定。电流控制实现了电流的无静差跟踪，提高了响应速度。

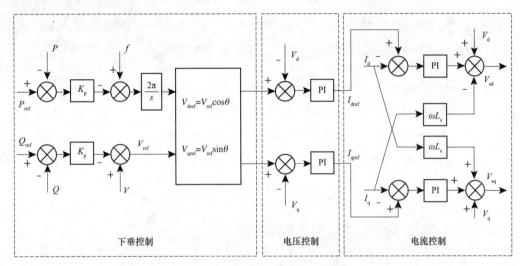

图 6-7　改进 V/f 下垂控制器结构图

6.2.4　波动平抑控制策略

对于新能源发电的输出功率信号中的低频分量，由于其波动比较缓慢，功率变化率较小，注入电网时电力系统有充足的时间进行响应，然而高频分量会导致功率变化率变大，短时间内会对电网造成严重的冲击，给电网安全运行带来隐患。储能系统在波动平抑控制策略下可以通过其充放电来改变新能源输出功率的幅值，剔除新能源输出功率中的高频分量，减小功率的变化，使输出功率较为平滑。

这与信号处理中的低通滤波原理类似，低通滤波器通过对输入信号的幅值进行处理，去除高频分量，使输出信号更加平滑。而储能系统则通过其充放电来改变新能源输出功率的幅值，使注入电网的电能更为平稳。因而，利用储能系统对新能源并网功率的平抑控制可以通过储能系统的快速充放电控制实现，所以合理有效地对储能系统的控制是新能源输出功率波动平抑控制实现的关键。

图 6-8 是能量波动平抑控制预期效果图，当新能源输出功率大于该时刻经平抑后的实际并网功率时，需要控制储能系统快速吸收"多余"功率；当新能源输出功率小于该时刻经平抑后的实际并网功率时，控制储能系统应快速补充相应的功率缺额。

图 6-8 是能量波动平抑控制流程图，通过对新能源输出功率值 P_W 进行低通滤波处理，得出新能源并网的参考功率 P_{ref}。新能源输出功率值 P_W 和参考的并网功率 P_{ref} 间的差值 $\Delta P = P_W - P_{ref}$ 即为储能系统的工作功率 $P_B = \Delta P$。

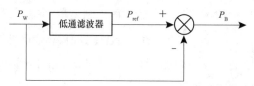

图 6-8　能量波动平抑控制图

新能源输出功率值 P_W 是输入信号，输出信号 P_B 为储能系统的工作功率。采用一阶低通滤波器对新能源输出功率进行平抑控制时，其低通滤波模型为

$$\tau \frac{\mathrm{d}P_{ref}}{\mathrm{d}t} + P_{ref} = P_W$$

式中：τ 为滤波时间常数。

由于是对新能源采样输出功率进行平抑，故需要对式进行离散化处理，设平抑控制周期为 T，在 $t=kT$ 时刻，得到

$$\tau \frac{P_k^{ref} - P_{k-1}^{ref}}{T} + P_k^{ref} = P_k^{W}$$

可以解出 $t=kT$ 时刻新能源并网的参考功率 P_k^{ref}

$$P_k^{ref} = \frac{\tau}{\tau + T} P_{k-1}^{ref} + \frac{T}{\tau + T} P_k^{W}$$

从而可以计算出该时刻储能系统的工作功率 P_B^k

$$P_B^k = P_k^{W} - P_k^{ref} = \frac{\tau}{\tau + T} \left(P_k^{W} - P_{k-1}^{ref} \right)$$

对新能源输出功率进行储能平抑控制前，要根据期望得到的平抑效果确定需要滤除的功率波动分量的频率，即截止频率 f_c，进而得到滤波时间常数 τ。τ 值决定了经平抑后风电场输出功率的平滑程度。

在进行波动平抑控制策略下，要求储能变流器和蓄电池堆具有快速大功率充放电的能力。

6.2.5　跟踪计划出力控制策略

储能系统工作在跟踪计划出力控制策略下，储能电站监控系统根据计划出力曲线，控制储能系统的充放电过程，使得整个电站的实际功率输出尽可能地接近计划出力，从而增加可再生能源输出功率的确定性。在该模式下，计划出力曲线既可以是根据自然条件预测得出的预测出力曲线，也可以是电网为其制定的计划出力曲线，其控制原则如下：

（1）充分利用自然资源，即优先由新能源发电满足出力需要，在新能源发电出力超出计划出力时，多余的能量应给储能电池充电。

（2）若新能源发电不能满足计划出力的需要，此时，若储能电池能量充足，则考虑由储能电池放电提供所需能量。

（3）根据储能电池容量和预测新能源出力曲线合理选择充放电区间，尽可能长时间地维持总输出功率满足预测出力曲线。

（4）若计划出力超出了电站的调节范围，则应尽可能地调节电站出力接近计划出力曲线。

该模式下系统控制流程如图 6-9 所示，在电网未给出计划出力时，新能源发电功率预测系统根据气象数据，预测出新能源发电系统在长期内（一天或者数小时内）的出力曲线，作为发电站计划出力曲线，新能源发电短期功率预测系统根据气象数据（数小时内），预测出新能源发电在短期内的出力曲线，储能电站监控系统根据短期出力曲线和计划出力曲线，结合新能源发电实时运行数据，优化计算出储能系统充放电功率。

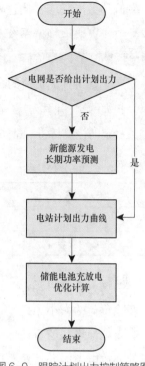

图 6-9　跟踪计划出力控制策略图

6.2.6　孤岛运行控制策略

储能系统运行在孤岛运行控制处理时，储能系统可以为孤网提供稳定的电压和频率，为就地负载继续提供电能。储能变流器具有就地监控系统，可以通过对交流侧电压及频率的实时检测，在电网断电后迅速进行判断并在一定的时间内断开与电网的连接，继续为就地负载供电。功率预测精确性直接影响着控制的效果，目前风电场功率预测主要依据现场实时气象数据，结合风力发电机组特性，利用先进的预测算法进行风力发电功率预测。

一旦上级电网出现故障，或在其他特定工作条件下出现故障，就必须考虑微电网转入孤岛运行方式的可能，当前电网是不允许有发电的配电网与主电力系统断开而独自工作，但孤岛运行控制方法则允许配电网与主电力系统断开而独立工作。因此，虽然孤岛方式被认为是可行的运行状态，但是系统调整时要对负荷、分布式电源发电能力、存在的故障进行细致的规划。为保证系统在形成孤岛后能够正常运行，就需要研究可控的分布式电源、储能装置和切除负荷等机制，使系统稳定运行。除频率下垂控制功能以外，在微电网的其他工作条件下，孤岛内可控的负荷起着重要的作用，在孤岛内 DG 的发电量和负荷的用电量不平衡（供小于求）的情况下，负荷的控制至关重要。为了解决这个问题，在微电网中实施甩负荷机制，作为一种应急功能，在微电网成为孤岛后这种应急功能可以协助系统频率恢复到它的标称值。甩负荷控制常用作应付大频率偏移的补救手段。如果暂时甩掉一定比例的负荷，系统的动态性能得到大大的改善，使得具有频率调节功能的同步发电机能对频率偏移做出反应，从这种机制得到的好处是显而易见的，特别是对大的频率偏移做出反应，致使更快地稳定系统和将频率恢复到它的标称值。微电网成孤岛经恢复后，被甩负荷继电器断开的一些负荷，可以重新并入系统。为了防止重新接上负荷时造成大的频率偏移，必须建立重新接上负荷的合适机制（如把重新连接负荷分成几个小步骤），避免在操作过程中引起大的频率偏移。一般，在孤岛运行甩负荷控制策略中，负荷切除/调节量的大小需要遵循一定的控制标准，表 6-2 为装在可控负荷中的负荷甩掉机制采用的控制量设置要求。

表 6-2　　　　　　　　　　　　可控负荷中的负荷甩掉机制采用的设置

频率偏移	甩掉负荷	频率偏移	甩掉负荷
0.25	30	0.75	20
0.50	30	1.00	20

通过表 6-2 可知，当孤岛运行需要调用甩负荷机制时，依据岛内频率偏移量来具体确定切除负荷的大小。

蓄电池堆是所有储能系统控制模式实现的基础，其通过与储能变流器相配合，进行相应的充放电。因此，对蓄电池堆充放电进行优化管理，增加蓄电池堆使用寿命，对提高储能系统工作可靠性和经济性具有极大的作用。通过蓄电池充放电控制技术，对蓄电池堆进行分组，结合储能系统各控制模式下的输出功率要求，并参考各蓄电池组的充放电能力及其他状态信息，进行最优的功率分配。

6.3　储能调度的实现过程

当前风力和光照预测尚不成熟，电力调度中心据此制定的发电功率计划往往会超过储能系统的调节能力，使得电池组频繁进入过充或过放的状态，这不仅可能导致储能系统失去平滑风光发电功率波动的功能，同时也使电池组寿命和工作性能受到极大影响。通过引入储能系统的荷电状态保护控制机制，采用部分荷电状态循环法来防止电池组的过充/过放。部分荷电状态是指在一定的荷电状态窗口内，蓄电池在正常的充放电条件下，既不深放电也不进入过充电。应用此方法，在每个储能系统控制周期内，根据风光实际发电功率，保证储能系统工作于最佳工作区的条件下，对调度中心下发的发电功率计划进行修改后得到的新的发电功率计划。

设计划发电功率与风光实际发电功率差额为 ΔP，可调控储能系统荷电量为 ΔQ。

$$\Delta P = P - P_{ref}$$
$$\Delta Q = Q - Q_m$$

式中：P 为风光实际发电功率；P_{ref} 为调度中心下发的发电功率计划；Q 表示当前储能系统容量；Q_m 为荷电状态窗口限值。根据 ΔP 的符号选取储能系统容量的上、下限 Q_{min}

或 $Q_{\max}$ 根据风光发电功率相对于计划发电功率是否盈余，对蓄电池的充放电按照以下两种情况讨论：

（1）风光发电功率盈余，即 $\Delta P > 0$。

如果 $\Delta P > \Delta Q$，此时储能系统进入充电模式，电量达到 $Q_{\max}$ 停止充电。计算时修正计划发电功率 P_{ref} 将下调，实际总发电功率和储能容量为

$$P_{\mathrm{ref}}'(t) = R_{\mathrm{W}}(t) + P_{\mathrm{PV}}(t) + \left[Q(t) - Q_{\max}\right]/\Delta t$$
$$Q(t) = Q_{\max}$$

如果 $\Delta P < \Delta Q$，此时储能系统进入充电模式，风光盈余电量全部对电池组进行充电，此时计划发电功率不做修订，实际总发电功率和储能容量为

$$P_{\mathrm{ref}}' = P_{\mathrm{ref}}$$
$$Q(t) = Q(t-1) + \left[R_{\mathrm{W}}(t) + P_{\mathrm{PV}}(t) - P_{\mathrm{ref}}(t)\right]\eta\Delta t$$

上面几个式子中的 $R_{\mathrm{W}}(t)$、$P_{\mathrm{PV}}(t)$、η 分别表示 t 时刻风电发电功率，光伏发电功率以及蓄电池充电效率。

（2）风光发电功率不足，即 $\Delta P < 0$。

如果 $\Delta P < \Delta Q$，储能系统进入放电模式，蓄电池电量可将计划发电功率与风光发电功率差值补足。计算时计划发电功率不做修正，实际总发电功率和储能容量为

$$P_{\mathrm{ref}}' = P_{\mathrm{ref}}$$
$$Q(t) = Q(t-1) + \left[R_{\mathrm{W}}(t) + P_{\mathrm{PV}}(t) - P_{\mathrm{ref}}(t)\right]\eta\Delta t$$

如果 $\Delta P > \Delta Q$，储能系统进入放电模式，蓄电池电量达到 $Q_{\min}$ 时停止放电。此时计划发电功率 P_{ref} 下调，实际总发电功率和储能容量为

$$P_{\mathrm{ref}}'(t) = R_{\mathrm{W}}(t) + P_{\mathrm{PV}}(t) + \left[Q(t) - Q_{\min}\right]/\Delta t$$
$$Q(t) = Q_{\min}$$

按照该算法，在每一步长内进行实时计算，便可得到该时刻实际联合系统总发电功率数据，并对储能系统剩余容量进行更新。

6.4　本章小结

本章通过对储电种类以及投入作用的介绍，进而引出储能电池的控制模式，并对其调峰、调频调压、波动平抑、跟踪计划发电功率和孤岛运行控制模式进行说明。储能系统用于"削峰填谷"，进行电池储能的充电和放电，在负荷高峰期放电低谷期充电，减小峰峰值，缓解间歇式电源并网瓶颈，从而避免火力机组运行机组效率低，增强系统稳定性，增加能源输出功率的确定性，并提高系统的运行效益。

7 分布式储热投切技术

传统电力系统中，电源侧主要由火电、水电等常规电源组成，负荷侧主要由不可控的常规负荷组成，电能由电源侧通过电网传送到负荷侧，电源和电网侧根据负荷变化规律，通过调度控制系统进行被动调节。近年来，新能源装机容量不断增加，在电网中的占比不断攀升，但风能和光伏等新能源存在的间接性和不确定性，给电网安全稳定运行带来较大隐患，电网调控面临新的挑战，传统调度运行控制模式已经无法满足未来电力的需求。提升可再生能源接纳能力，减少化石能源发电出力，促进环境和经济社会和谐快速发展，这是近年来研究的热点。为更好地利用清洁能源，减少火力发电，保护生态环境，同时结合东北地区冬季供热，开发建设电储热系统，电储热系统具有柔性负荷特性，可通过电网协调调度，控制电储热投退，提升电网清洁能源接纳能力。

本章通过大容量电储热的调度实时控制入手，深入研究储热在电网中的调度协调控制，通过分析储热装置的跟踪技术，采用最优能源策略来实现分布式电储热的协调调度。

7.1 储热的分类及应用

7.1.1 储热的分类

（1）固体储热。

以固体材料为储热介质的可储、可取并且可控的储热系统。固体储热结构图如图 7-1 所示。该系统分为内循环和外循环两个子系统，两个系统之间通过换热器来实现能量的传递，两者相互配合，依次实现电加热、热能存储、热能释放、热能传递以及能量控制的功能。储热系统的加热器 2 给储热材料 1 加热来完成电加热和热量存储的功能，取热器 3 则实现热量释放的过程，经过取热后热量在高效换热器 4 给外部管道 7 中取热介质加热，热量最终到达散热器 8，通过供暖或热水等形式加以利用。

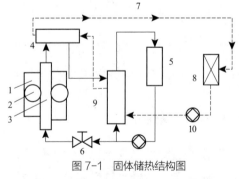

图 7-1 固体储热结构图

——内循环管道；---- 外循环管道

1—储能材料；2—加热器；3—取热器；4—高效换热器；

5—储液罐；6—智能控制器；7—外部管道；

8—散热器；9—换热器；

10—内循环水泵

根据固体储热图可分析得到，储热材料 1 和加热器 2 共同组成了热量储存的部分。储热系统的储热能力与两者息息相关，储热材料自身的热容量越大，加热器工作功率越高，系统的储热容量就越大。热量释放的功能则取决于取热器 3，热量只有经其中的介质吸收才能传递给高效换热器 4，由智能控制器 6 对取热介质进行控制调节，其流速越慢，流量越大，储热材料 1 中的热量释放越完全。除此之外，为了有效提高系统的安全性，使内循环系统能够工作在一个无压状态，该系统还设置了一个二次循环系统，从图中还可以看出该系统工作原理是利用储液罐 5 和换热器 9 在高效换热器 4 出口处形成一个负压。

储热系统的可储环节是将电能转换为热能，目前，这一环节采用的方法主要有三种，即电磁感应式、电极式、电阻式。采用电磁感应式加热的工作原理是根据带铁芯的线圈中电流产生交变磁场，通过涡流电磁感应产生热量。电磁感应式通常适用于容量要求较低的电蓄热设备，由于电感的存在，导致系统功率因数降低。电极式的工作原理是将水看作一个电阻，电流在两个电极之间通过水导通，从而对水加热。该方式的控制方法一般通过调节电极没入水的程度，深度不同，水的加热功率不同。当电极高于水面时，水中没有电流通过，电极没有导通，因此采取电极式加热的锅炉能够大大减少烧干锅的情况。电极式多用于冶金行业，很少应用到电锅炉中。而电阻式是电锅炉中最常用的转换电能的方式，通常采用电热管或电阻丝。电蓄热锅炉除了储热材料之外，最重要的就是电热管。电热管的功率决定着锅炉的储热能力，另外，电蓄热锅炉的运行稳定性以及使用寿命绝大取决于电热管的质量。

固体储热系统以及储热材料的发展和推广应用，可以减少装机容量、减少制热设备初期投资，利用峰谷电价差，节省运行费用。具有平衡用电负荷的峰谷差，缓解供电矛盾等作用。储热过程随着供热负荷的变化而自动地调节和平衡供热系统，无污染、无噪声，环保效果显著。因此，固体储热系统具有很好的应用前景，既可用于提供工厂加工工艺中所需要的高温蒸汽，例如纺织、钢铁、造纸、橡胶、食品、医药、印染、化工、冶金塑料等产业，还可用于生活采暖和热水供应，很多行业例如企业、学校、餐饮、宾馆等都渐渐引用了该方式的储热系统。

（2）空气源热泵储热。

空气源热泵作为"能量搬运"设备时，工作原理如图 7-2 所示，是通过将低温低压的冷媒气体经压缩机耗电做功使其变为高温高压气体，再流经冷凝器冷凝放热由换热介质（水）吸收其热量后对用户实现供暖。气体经冷凝后变为中温中压液体，通过膨胀泵降低压力调整流量后，经蒸发器吸收空气中的热量再次变为气体状态，从而循环进行。图 7-2 中，由经济器到空气压缩机中增加了喷气增焓回路。使用喷气增焓技术的压缩机，其喷气回路中的制冷剂通过节流后，在板式换热器中与主回路中的制冷剂换热，使主回路中的制冷剂得到充分制冷，提升系统制热量和效率。

空气源热泵系统不受能量转换定律和环境天气的制约，效率接近100%，属于高效节能设备。空气源热泵的供热管道也较短，从而减小了由水泵风机引起的流动损耗。另外，空气源热泵系统容量较小，其供热面积相比也较小，因此该系统通常采用灵活机动的安装特点，系统占地面积小，不受地域限制。冬季采用空气源热泵系统供暖，不仅提供良好的采暖环境，由于该系统通常会有水箱储热，因此还能够在室内温度变化不大时达到彻底除霜的效果。

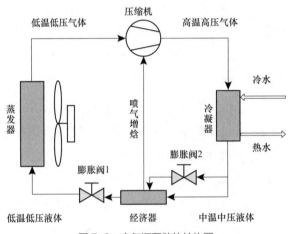

图7-2 空气源泵储热结构图

但是空气源泵受温度影响很大，由于区域地理位置不相同，导致不同地理位置的气候温度截然不同，例如，在北方空气源热泵系统设计要求有的甚至低于−20℃，而南方有些地方最低气温仅仅为−5℃，这就导致同一个空气源热泵不适用于所有地方。这就要求空气源热泵在设计时不仅具有储热供热的功能，还要自身根据工作环境来调节容量等。目前，虽然有少部分的热泵可以工作在较低温度的环境下，但随着环境改变，其自身的性能系数仍保持较低的情况，季节适应性差。

（3）地源热泵储热。

地源热泵又称为地热热泵，它是以地源能作为夏季制冷的冷却源、冬季采暖供热的低温热源的系统，同时也可以实现采暖、制冷和生活用水的一种系统，地源热泵已成地源能利用的发展新方向。它可以代替传统的制冷空调、采暖锅炉等，成为一种新的采暖方式，并且相比传统的燃煤供暖能够大大地改善环境并节约能源。

典型的地源热泵是通过埋地热交换器从土壤吸热或向土壤放热。地能包括地下水、土壤和地表水等，地源热泵系统将地能作为冷热源，通过地能与水之间的能量传递来实现的。冬季时，地能作为热源通过能量传递以及循环系统给用户采暖；夏季时，地能作为冷源将用户热量通过低温水吸收后传递给土壤、地下水等，实现制冷。基于地源热泵的空调系统通常由室内空调末端系统、室外地能换热系统以及地源热泵机组构成。其系统工作原理图如图 7-3 所示。

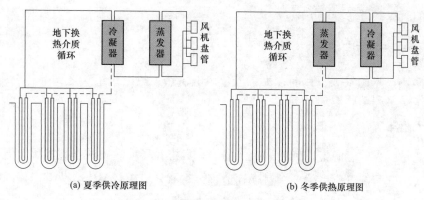

(a) 夏季供冷原理图   (b) 冬季供热原理图

图 7-3　地源热泵储热系统工作原理图

根据地源热泵安装的土壤的深度不同，其埋管方式也不同，可分为四类，分别为垂直式、地下水式、地表水式、水平式。与传统采暖方式相比，地源热泵技术具有巨大的优势：

1）地源热泵系统不受地域、资源等限制，这是因为该系统采用的冷热源为地表浅层一般不超过 400m 深的地热资源，而地表浅层是一个巨大的太阳能集热器，收集了 47% 的太阳能量，比人类每年利用能量的 500 倍还多。

2）地源热泵系统能够改善目前的环境状况，整个系统组成和运行维护均不产生环境污染。

3）地源热泵系统具有经济、节能的优点。地源热泵系统释放（制造）4kWh 的热量（冷量）时所消耗能量不超过 1kWh，也就是说地源热泵的能效比值很高，能够达到 4 以上。

4）地源热泵系统维护成本较低。这是因为该系统的所有部件通常都是安装在地下或者室内，占地建筑面积小且不受气候制约，另外，机械部件数量很少，维护难易程度较低。

5）地源热泵系统适用性很强。冬季可以采暖，夏季可以制冷，还能够提供日常的生活用水，可以代替单一的电锅炉和空调，用途广泛。

但由于地源热泵技术发展不成熟，仍有很多缺陷需要改进。其中，"土壤热不平衡"是采用地源热泵储热系统面临的最大问题。北方气温普遍偏低，供热量远远大于供冷量，如果采用该系统长期将地能作为热源来吸收热量，必然会导致地表温度发生失衡，进而导致其他生态问题。而南方气温高，供冷量远远大于供热量，因此长期采用地能作为冷源也会发生土壤热不平衡的问题。因此，系统在设计时要考虑到冬季吸收热量与夏季注入热量大致平衡。另外，地源热泵的投资和运行成本用受其他因素影响较大，不同国家能源情况不同、政策不同必然影响能源的利用成本。除此之外，当地源热泵储热系统采用地下水式时，系统受开采方式影响较大，不仅要考虑地下水资源的储量，还要在系统设计中留出打井和埋管的面积，考虑场地情况。

7.1.2 储热的应用

随着储热技术的发展，目前在太阳能、风电供热、热电机组深度调等各个领域当中，有着很重要的作用。

（1）太阳能供热。

太阳能是巨大的能源宝库，是解决当前能源危机和环境污染的理想能源，但是到达地球表面的太阳辐射能量密度偏低，且受到地理、季节、昼夜及天气变化等因素的制约，表现出稀薄性、间断性和不稳定性等特点。为了保证供热或供电装置的稳定不间断的运行，需要利用到储能装置，在能量富余时储能，在能量不足时释能。

蓄热系统包括蓄热材料、高温传热流体和嵌入固体材料的圆管式换热管组成。在蓄热阶段，热流体沿着换热管流动把高温热能传递到蓄热材料中。在放热阶段，冷流体沿着相反方向流动把蓄热材料中的热能吸收到流体中用来发电。这种传热流体与蓄热材料之间有换热器的布置方式称为间接蓄热，发电系统如图 7-4 所示。

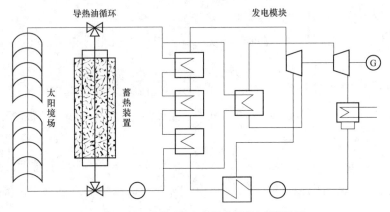

图 7-4　太阳能热发电与蓄热装置联合的系统图

（2）风电供热。

风电出力具有不确定性，并常常呈现反调峰特性，电网表现为接纳能力不足。蓄热电采暖具备储热能力，其耗电功率能够根据需要进行调节，具有可调节负荷的特性，因此协调风电、火电和蓄热电采暖的运行，可以提高热电机组的调峰容量，并使蓄热电采暖主要利用弃风电量进行工作从而提升风电的接纳水平，减少弃风电量。同时风电消纳电量的增加以及系统煤耗的降低也带来了额外的效益，分析计算综合效益增量并给予蓄热电采暖侧合理的补贴，可以弥补其经济性不佳的问题，有利于蓄热电采暖的推广应用和风电的消纳。风电与蓄热电采暖联合模式示意如图 7-5 所示。

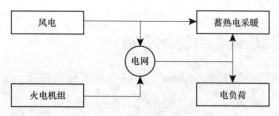

图 7-5　风电与蓄热电采暖联合模式示意图

（3）热电机组深度调峰。

目前，"以热定电"的运行模式已成为制约供热机组调峰能力的主要因素，为此在满足用户供热需求的前提条件下，解耦供热机组的传统运行方式成为提高机组调峰能力的一种方案。其中一种有效手段就是通过给供热机组配置蓄热装置提高机组调峰能力：在白天电负荷大而热负荷小的时段热电机组高负荷运行对蓄热装置进行储热；而在夜间电负荷小时段降低机组出力（甚至停机）进行调峰，而供热不足部分则利用蓄热装置的储热进行补偿供热。

热储能调峰技术是将机组变负荷运行时出现的过剩蒸汽热量转化为储热介质的热能存储起来，当需要时将热能释放，以此增加机组灵活性的调峰技术。例如，在采暖季供热蒸汽出现过剩时，将多余热能存储到储热设备中，当电力负荷处于低谷时，减小锅炉负荷和汽轮机出力，满足机组低负荷调峰要求，供热不足的部分由储热设备补充；当电力负荷处于高峰时，增加锅炉负荷，减少汽轮机对外供热，增强机组的顶负荷能力，供热不足的部分由储热设备补充；从热电厂供热特性图来看，热储能相当于将固定的供热需求转化为可变的供热需求，拓展了热电厂调峰运行范围，如图 7-6 所示。

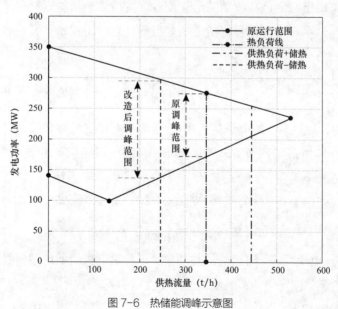

图 7-6　热储能调峰示意图

7.2 分布式电储热调度最优能源策略

含储热装置的热电机组针对负荷调峰，使热电机组在负荷高峰时段提高发电功率，而在负荷低谷时段减小发电功率，由储热罐的充放热平衡热负荷差额。热电机组针对负荷调峰，能够减小负荷的峰谷差，使其他常规机组的调峰压力减小，提高了电网接纳新能源的能力。热电机组对负荷调峰后，负荷的随机性和波动性减小，使得电力系统控制和运行的复杂性降低，利于系统的稳定和设备的维护。

热电机组针对负荷调峰的调度模式，以热电机组跟随负荷波动为运行目标，本章制定了四种调节方式：① 均值跟随调节，即制定在负荷大于均值时，使热电机组提高发电功率，而在负荷低于均值时，使热电机组降低发电功率的运行策略；② 高峰跟随调节，即制定在负荷高峰时段，使热电机组提高发电功率的运行策略；③ 低谷跟随调节，即制定在负荷低谷时段，使热电机组减小发电功率的运行策略；④ 高峰低谷定工况运行，即在均值跟随调节的基础上，在负荷高峰和低谷时段选取合适的工况并保持运行工况不变，以减少工况切换降低运行难度。热电机组针对负荷调峰能够平抑负荷的波动性，本节以负荷峰谷差描述其波动性。

7.2.1 热电机组跟随负荷波动的最优调度

热电机组针对负荷调峰的调度模式中，系统中只含有热电机组、电负荷、热负荷以及储热罐。基于热电机组跟随负荷波动的最优调度，使得热电机组煤耗最小，全局系统中煤耗最小以及弃电量最小多个优化目标集成的多目标规划，用权重系数将各个目标进行优先级排序。目标函数为

$$\min\left\{\sum_{t=1}^{T}\sum_{K}\left(\left(\left(P_k^{load}-Pe_k-L_{ad}\right)\times b_k+M\left(P_t\right)\times g_t\right)\times V_t+F\left(Pf_t\right)\times X_t+ub_t\times R_t\right)\right\} \quad (7-1)$$

式中：P_k^{load} 为 k 时刻系统的电负荷需求；L_{ad} 为热电机组针对负荷调峰后的目标负荷。

调节时间 k 在均值跟随调节方式中为 24h；在高峰跟随调节方式下为负荷高峰时段；在低谷跟随调节方式下为负荷低谷时段。

热电机组的煤耗函数为

$$M\left(P_t\right)=a\times\left(Pe_t+c_v\times Ph_t\right)^2+b\times\left(Pe_t+c_v\times Ph_t\right)+c \quad (7-2)$$

式中：Ph_t 为热电机组在 t 时刻的供热功率；c_v 为热电机组的电热特性系数，表示在一定的进汽量下，由于单位发热功率的增加而使得发电功率减小的量；a、b、c 为煤耗系数。

热负荷平衡约束如下：

热电机组的热功率流向一部分流入储热罐内，一部分直接供给热负荷，故有

$$Ph_t = Ph_t^{TSin} + Ph_t^{Out} \qquad (7-3)$$

式中：Ph_t 为 t 时刻热电机组输出的热功率；Ph_t^{TSin}为输入储热罐的热功率；Ph_t^{Out}为机组直接供给热负荷的热功率。

热电机组所带的热负荷，一部分直接由机组供热，另一部分由储热罐供热，故有

$$h_t^{Load} = S_t^{TSout} + Ph_t^{Out} \qquad (7-4)$$

式中：S_t^{TSout}为 t 时刻储热罐输出的热功率；Ph_t^{Out}为 t 时刻的热负荷需求。

热电机组储热罐的蓄热量，为这一时段开始时刻热罐已有热量加上该时段储热罐的热量变化，故有

$$S_t = S_{t-1} + \left(Ph_{i,t}^{TSin} - S_{i,t}^{TSout}\right)\cdot\Delta t \qquad (7-5)$$

式中：S_t 为 t 时刻储热罐中的热量；Δt 为时间间隔，本模型中取 1。因此，热负荷平衡约束为

$$Ph_t + S_{t-1} - S_t - h_t^{load} = 0$$

对于负荷高峰低谷定工况运行的调节方式，目标函数中保留热电机组的煤耗最小以及全局系统的弃电量最小的部分。在以上约束条件中加入负荷高峰低谷时段机组定工况的约束，即

$$Pe_a = Pe_{d1}$$
$$Pe_0 = Pe_{d2}$$

式中：Pe_a 为在负荷高峰时段热电机组的发电功率；Pe_0 为在负荷低谷时段热电机组的发电功率。

7.2.2　热电机组针对负荷调峰的调度模式

（1）均值跟随调节方式。

根据优化计算结果，热电机组调峰前后的负荷曲线对比如图 7-7 所示。调峰前负荷的峰谷差为 1600MW，调峰后负荷的峰谷差为 1405MW，热电机组仅对负荷调峰使负荷峰谷差减小了 12.2%。

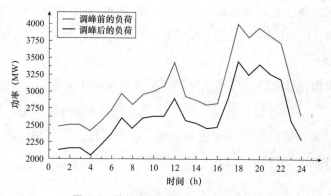

图 7-7　均值跟随调节前后负荷曲线对比

对于给定的目标电量，优化计算得到的热电机组电出力和储热罐热量运行曲线如图 7-8 和图 7-9 所示。

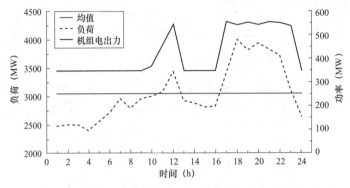

图 7-8　均值跟随调节下负荷与热电机组电出力曲线

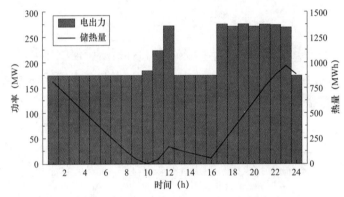

图 7-9　均值跟随调节下单台热电机组与储热罐运行曲线

由图 7-8 和图 7-9 可知，当电负荷小于其均值时（1:00~10:00，13:00~16:00，24:00），热电机组向下压出力，储热罐放热，与热电机组热出力共同满足热负荷需求。当电负荷大于其均值时（11:00~12:00，17:00~23:00），热电机组提高发电功率，储热罐存储多余的热量。储热罐最大储热量需求为 972MWh，最大充放热速度需求为 142MWh。

（2）高峰跟随调节方式。

根据计算结果，热电机组调峰前后的负荷曲线如图 7-10 所示。调峰前负荷的峰谷差为 1600MW，调峰后负荷的峰谷差为 1405MW，热电机组仅对负荷调峰使负荷的峰谷差减小了 12.2%。

根据给定的机组目标电量进行优化计算，得到的热电机组电出力和储热罐热量运行曲线如图 7-11 和图 7-12 可知，当负荷大于高峰设定值时（10:00~12:00，17:00~23:00），热电机组提高发电功率，储热罐存储多余的热量。储热罐最大储热量需求为 1023MWh，最大充放热速度需求为 153MWh。

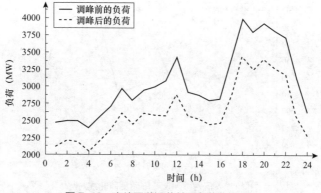

图 7-10 高峰跟随调节前后负荷曲线对比

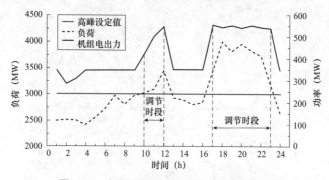

图 7-11 高峰跟随调节下负荷与机组电出力曲线

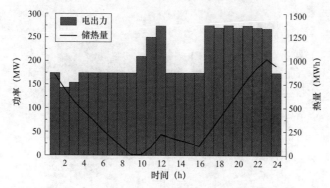

图 7-12 高峰跟随调节下单台热电机组与储热罐运行曲线

（3）低谷跟随调节方式。

根据优化计算结果，热电机组调峰前后的负荷曲线如图 7-13 所示。调峰前负荷的峰谷差为 1600MW，调峰后负荷的峰谷差为 1328MW，热电机组仅对负荷调峰使负荷的峰谷差减小了 16.97%。

根据给定的热电机组目标电量，得到的热电机组电出力和储热罐热量运行曲线如图 7-14 和图 7-15 所示，当电负荷小于低谷设定值时（1:00~6:00，8:00，15:00~16:00，24:00），热电机组运行在纯凝工况下最小发电功率点，此时机组供热功率为零，储热罐放热满足热负荷需求。储热罐最大储热量需求为 1200MWh，最大充放热速度需求为 159MW/h。

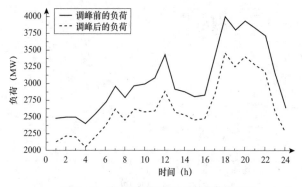

图 7-13 低谷跟随调节前后负荷曲线对比

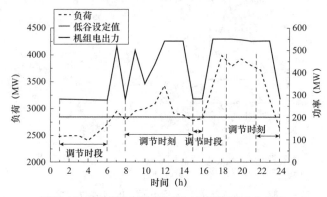

图 7-14 低谷跟随调节下负荷与热电机组电出力曲线

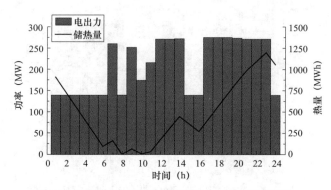

图 7-15 低谷跟随调节下单台热电机组与储热罐运行曲线

（4）高峰低谷定工况调节方式。

根据优化计算结果，热电机组调峰前后的负荷曲线如图 7-16 可知，调峰前负荷的峰谷差为 1600MW，调峰后负荷的峰谷差为 1330MW，热电机组仅对负荷调峰使负荷的峰谷差减小了 16.87%。

根据给定的热电机组目标电量进行优化计算，得到的热电机组电出力和储热罐热量运行曲线如图 7-17 和图 7-18 可知，在负荷低谷时段（1:00~4:00），热电机组运行在纯凝工况下最小发电功率点，此时机组供热功率为零，储热罐放热满足热负荷需求；在负荷高峰时段（18:00~21:00），热电机组运行在最大供热工况点，储热罐蓄热。储热罐总体呈现放 – 充热两段式运行策略，最大储热量需求为 1161MWh，最大换热速度需求为 149MW/h。

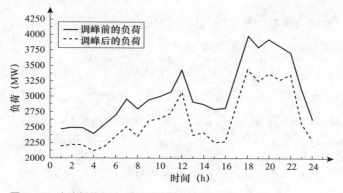

图 7-16　高峰低谷定工况调节前后负荷曲线对比

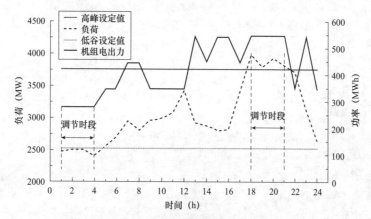

图 7-17　高峰低谷定工况下负荷与热电机组电出力曲线

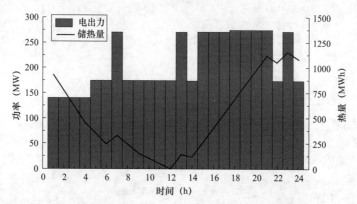

图 7-18　负荷高峰低谷定工况调节下单台热电机组与储热罐运行曲线

　　热电机组针对负荷调峰的调度模式能够平抑负荷的波动性，减小负荷的峰谷差。在该调度模式的四种调节方式中，以煤耗量为指标进行比较：煤耗量最小的调节方式为负荷均值跟随调节方式，其次为高峰低谷定工况调节方式和负荷高峰跟随调节方式，煤耗量最大的调节方式为负荷低谷跟随调节方式。

7.3　本章小结

本章讲述了电储热作为一种柔性负荷，为更好的接入电网运行，首先介绍了储热的分类及作用，其次介绍分布式电储热调度最优能源策略，主要有四种调节方式：均值跟随调节、高峰跟随调节、低谷跟随调节和高峰低谷定工况运行。通过电储热的协调控制，在促进新能源发电形式入网方面具有积极的作用。对于分布式电储热协调控制，其投入有利于减小负荷曲线的峰谷差，负荷的调峰调频，提升新能源的消纳，电储热的合理投入能够有效确保负荷曲线的波形平稳，能够保证电储热的有效合理投入，保证电网安全经济运行，在最优的储热系统容量配置下使其整体的效益最佳。

8 储热装置实时控制技术

8.1 柔性负荷参与 AGC 的理论背景

风电等新能源发电在国内外的快速发展，在电网中占据着很重要的作用。但是，风电等新能源有着容量大、分布范围广的特点，导致的后果就是新能源消纳问题不能够有效的解决，其出力的不确定性与随机性对电网规划工作带来了新的挑战，传统的调度运行控制模式已经无法满足该需求，使得负荷峰谷差进一步增大，从而影响系统的负荷特性，所以需要建立面向新能源消纳的电网规划方法，使得系统提高更多的旋转备用来保证风电等新能源的消纳。

目前，在风电利用及消纳上，美国凭借成熟的市场机制，成为世界上最大的风电生产国，2015 年以 74.5 G W 的装机生产了 1×10^8 M W h 的风电；欧洲国家借助灵活的电源结构和电力互联模式，实现了高效的风电消纳。其中，丹麦 42% 的发电量来自风电，创下全球最高风电占比记录，其他欧洲国家风电占比也普遍大于 10%。截至 2015 年年底，全球风电总装机容量 432.9GW，中国占了 145.4GW，成为最大市场。但出现的问题就是在风电利用及消纳上不能有效的解决。2015 年全国弃风电量达到 3.39×10^{10} kW · h，直接经济损失超过 180 亿元；"三北"地区的弃风率更是达到了 40%，面对这样的能源问题，如何能解决能源的消纳成为一个重要课题。

通过对新能源消纳的电网规划问题进行了初步的分析研究，导致新能源不能更好的消纳的原因在于 AGC 的主要作用是控制系统频率稳定，同时电储热元件是作为一种消纳新能源控制频率稳定的手段，但并未将柔性负荷电储热元件纳入 AGC 调度中，导致两者结合的配合有偏差，不能更好的增加新能源的消纳。鉴于此，提出了柔性负荷参与的一种 AGC 的调度控制方法，通过构建柔性负荷参与 AGC 的调节系统，利用极限控制策略，建立了柔性负荷调峰的调度模型，制定方案并具体实施来验证其方法能更好的提高新能源的消纳。

8.1.1 我国新能源消纳现状

近年来，我国新能源并网装机和消纳总量高速增长。截至 2015 年年底，"十二五"期间年均增长 34%；太阳能发电装机容量 43.18GW，"十二五"期间年均增长 119%。其中，国家电网公司调度范围风电累计装机容量达到 116.64GW，占全国的 91%；太阳能发电装机容量达到 39.73GW，占全国的 92%。国家电网已成为世界上接入新能源容量最大的电网。2015 年，全国风电发电量 185.1TWh，"十二五"年均增长 30%；太阳能发电量 38.3TWh，"十二五"年均增长 219%，风电、太阳能发电量增速比同期全国发电量增速高出 28.7%。风电发电量占全部发电量的比例由 2010 年 0.7% 提高到 2015 年 3.23%，太阳能发电量占比由 0.003% 提高到 0.688%。

从新能源装机容量与最大负荷的比值（即新能源渗透率）来看，我国为 22%，高于美国（10%），低于丹麦（93%）、西班牙（78%）和葡萄牙（63%），处于中等水平。总体来看，我国新能源发展取得了举世瞩目的成绩，装机总量已居世界第一，消纳总量实现了快速增长。但在新能源整体渗透率并不突出的情况下，弃风、弃光电量不断增加，引起社会广泛关注，成为学界研究的焦点问题。如何减少弃风、弃光，需要结合我国实际，从机理上深入探讨，分析问题产生的根源，找出科学的解决途径。

8.1.2 新能源消纳问题机理分析

考虑到北方地区的实际情况，由于水电资源不丰富，冬季受温度影响大，只能作为微调的作用，因此不考虑水电能源的影响。通过建立火电能源站，将柔性负荷装置参与的 AGC 调节系统分为三个区域：消纳区、缓冲区和火电区域。工作区域判断以新能源全部入网为前提，利用极限控制策略，把火电机组出力下限和电储热机组容量极限作为临界条件，建立由常规电源控制态、负荷控制态和清洁能源控制态三部分组成的 AGC 调节系统。整个过程以火电能源为主，柔性负荷作为辅助，利用 AGC 控制利用 ACE 分配各个机组出力，使其具有良好的频率调控效果并满足 CPS 考核指标要求。

控制投切过程如图 8-1 所示。

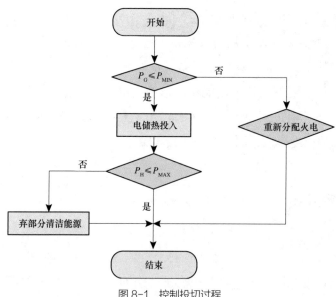

图 8-1　控制投切过程

对于火电和热电厂来说，其发电下限具有明确的控制要求。东北地区由于冬季处于供热期，较多供热机组下限无法过低，所以最小发电能力会有所提升。柔性负荷参与系统调度是以柔性负荷为控制对象，采用适用于该类负荷的调度方法来实现负荷与电源的平衡，实现柔性负荷之间的协调运行和能源优化配置的目的。消纳区利用此案储热消纳发电量，这种形式的源荷互动是一种主动行为，改变了过去电源被动适应负荷的状况。柔性负荷无法满足电量过剩时，缓冲区舍弃部分新能源的消纳。

8.1.3 新能源消纳解决方案

在分析了新能源消纳问题的机理后，提出了柔性负荷参与的一种 AGC 的调度控制方法（见图 8-2），具体的方案如下：

第一步要收集数据，主要包括被控制的对象常规电源，即参与 AGC 调节的常规火电机组的发电功率 P_G、柔性负荷电储热装置的电储热功率 P_H、清洁能源发电量入网量 P_n、用户发电量 P_D 及区域之间有几乎稳定不变的联络线功率 P_C。这些数据的获取主要通过对以往类似天气的数据对比以及 15min 内进行光和风预测从而获得超短期预测功率清洁能源发电厂的信息，测量装置将信息进行测量采集，利用光纤传至调度终端调度平台显示清洁能源发电量 P_n，负荷量是 P_D 是利用电网用户用电数据集中进行采集，最终获得该地区的总用电量 P_D。

第二步要对工作区域进行判断，将总的发电控制划分为三个区域：常规电源区，柔性负荷及弃清洁能源区。为了尽可能消纳新能源，利用极限控制策略，火电机组出力下限和电储热机组容量极限为临界条件，对工作区域进行判断。对于控制序列来说，在新能源发电形式过剩时，首先进行火电限制，通过减少火电出力以平衡供需要求，若已无可调节余度则投入柔性负荷以消纳多余的新能源发电。当柔性负荷全部投入到上限时，则切除多余新能源入网，以保证频率稳定。

第三步通过计算临界条件得出控制方法，在常规电源控制区域中，此时清洁能源全部入网，而柔性负荷装置不进行投入或者已经全部投入，仅通过控制调节火力发电量 P_G 来满足负荷变化的需求。

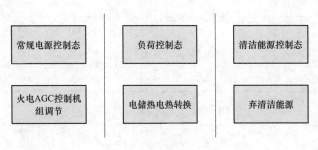

图 8-2　三态控制 AGC

由于发电要求火力发电有发电下限 P_{Gmin}，若火力发电不得低于 P_{Gmin} 的话，在柔性负荷控制区域里将柔性负荷投入，新能源全部入网，火电机组发电量 P_{Gmin} 保持不变。

舍弃新能源区即电储热全部投入且发电量仍过剩，为满足供需平衡和保证系统稳定，再去区域内根据部分需要舍弃部分新能源发电量。

通过计算得出两个临界条件：

（1）临界条件 1。

$$\int_{t_0}^{t_1}(P_{Gmin}+P_C+P_n)\cdot dt=\int_{t_0}^{t_1}P_D\cdot dt$$

式中：P_{Gmin} 为火力发电最小值；P_C 为单位时间联络线功率；P_n 为单位时间清洁能源发电量；P_D 为单位时间负荷用电功率；t_0-t_1 为积分时间。

注：为满足供需平衡即 t_0-t_1 时间内发电量等于用电量。

（2）临界条件 2。

$$\int_{t_0}^{t_1}(P_{Gmin}+P_C+P_n)\cdot dt=\sum_{r=1}^{n}\int_{t_0}^{\beta_r\cdot t_{cHr}+(1-\beta_r)\cdot t_1}P_{Hy}\cdot dt+\int_{t_0}^{t_1}P_D\cdot dt$$

式中：$P_{H,r}$ 为单位时间柔性负荷电储热的功率由于电储热是由 n 个小电储热组进行电热转换的，$t_{cH,r}$ 为电储热可最大储热时间，t_0-t_1 为积分时间，β_r 为各个电储热小组电储热状态系数。若要求电储热储热时间超过当前可最大储热时间（即积分时间 t_0-t_1 大于 $t_{cH,r}$）则状态系数为 1，否则为 0。

8.1.4 算例分析

为了验证本文所提出控制方法的可行性，对某区域进行具体实施。该区域火电总额定发电功率为 2000MW，下限为 850MW，新能源最大发电量为 2000MW，柔性负荷最大投入功率 280MW。数据见表 8-1。

表 8-1   该区域火电参数数据   MW

项目	数据 1	数据 2	数据 3
火电 P_G	1000	850	850
新能源发电 P_n	1600	1500	2000
用电量 P_D	2630	2530	2650
联络线功率 P_C	280	280	280

发电剩余量 $=P_n+P_G+P_C-P_D$ MW

	数据 1	数据 2	数据 3
发电剩余量	150	100	480

通过对数据 1 的状态判断可以得出此时发电剩余量为 150MW，此时火电仍有可调范围，降低火电至 850MW，可以正好满足负荷，则此时无需柔性负荷投入。此数据为第一工作范围内的数据。

火力发电、新能源发电，以及断面的交换功率满足度第一个临界条件，此时系统位于第一个工作区域，即

$$\int_{t_0}^{t_1} (P_{Gmin}+P_C+P_n) \cdot \mathrm{d}t = \int_{t_0}^{t_1} P_D \cdot \mathrm{d}t$$

当负荷持续降低，对数据 2 进行状态判断可以得出此时发电剩余为 100MW 此时新能源发电量无明显变化，火电已经无可调余度，要保证新能源的全部入网，此时投入柔性负荷装置对 100MW 多余电量进行消纳。

此时处于柔性负荷工作区域，满足以下等式关系。

$$\int_{t_0}^{t_1} (P_{Gmin}+P_C+P_n) \cdot \mathrm{d}t = \sum_{r=1}^{n} \int_{t_0}^{\beta_r \cdot t_{dm}+(1-\beta_r) \cdot t_1} P_{Hr} \cdot \mathrm{d}t + \int_{t_0}^{t_1} P_D \cdot \mathrm{d}t$$

当柔性负荷可充电时间小于需充电时间时，此时充电时间为可充电时间，即 $\beta_r=1$，否则 $\beta_r=0$。

由此当负荷再次降低，此时由临界条件可以判断剩余电量已经超过柔性负荷可以接受最大范围，此时柔性负荷全部投入的同时，对多余的清洁能源发电量进行舍弃。

8.2 一种多台储热装置模数转换远程自动控制方法

随着我国清洁能源入电网比例不断增大，储热技术的开发和利用越来越得到重视。储热技术在时间、空间上解决了热能供需不平衡的问题，有效提高能源综合利用水平，对于太阳能热的利用、电网调峰、日常节能和余热回收等都具有重要意义。

然而，在智能电网高速发展的大背景下，在利用好储热装置的前提下，我们更希望将它接入智能电网。传统变电站中，主站与厂站之间的命令传输大多以点对点的方式来实现远程控制一个量，且手动控制，反应速度慢，人工量大，对下面装置的变化趋势感知度不够，控制方式具有盲目性，无法达到智能化分析、整体把控、高效作业的目标。所以迫切需要一种自动化程度高、具有精准测算最优投入储热装置的智能方法。本节采用以模拟量的目标值和预测值代替数字量的方法，将主站信息精准传送到厂站后台，后台接收模拟量后通过智能分析，再将多元判断结果传送给执行单元，确定最合理分配方案。

8.2.1 技术方案

一个完整的多台储热装置模数转换远程自动控制方法，步骤如下：

步骤 1：主站通过计算机下令给厂站一个模拟量 ΔP（例如 50000kW）为目标值。

$$P_{\mathrm{H}} = P_{\mathrm{F}} - P_{\mathrm{I}} \tag{8-1}$$

式中：P_{H} 为火力应出力值；P_{F} 为负荷预测总量；P_{I} 为除风、光、核等以外的发电量。

$$P_{\min} < P_{\mathrm{H}} < P_{\max} \tag{8-2}$$

式中：$P_{\min}$ 为固定机组的火力出力下限；$P_{\max}$ 为固定机组的火力出力上限。

当 $P_{\mathrm{H}} < P_{\min}$ 时，火电无法承载应发电量，根据式（8-1）应弃去部分风光发电，或增加负荷预测值。

$$\Delta P = P_{\mathrm{H}} - P_{\min}$$

步骤 2：每 5min 确定一个负荷预测值，构成负荷预测曲线。厂站向下级装置下令 $\Delta P'$，$\Delta P'$ 按照负荷预测曲线中，下一时刻的变化趋势确定 $\Delta P'$ 是按照就大原则或就小原则投入下一命令值。

步骤 3：按照图 8-3 所示算法确定最优投入储热装置方式。

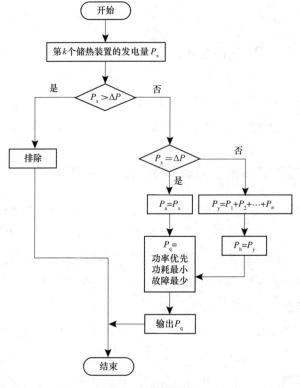

图 8-3　控制模型算法

步骤 4：根据智能算法计算结果得出最优值，通过计算机自动反馈给执行单元，并返回结果。

8.2.2　技术要点

厂站后台智能分析过程中，需要考虑的要素有三点：①容量最合理。②投入储热装置效率最高。每个装置实时运行时候都会有实时计算数据，通过对比储热装置热能输出量和电能输入量的比值来确定储热装置的保温性和存储性能是否满足要求。例如可使两台装置同时存储相同热量保持 ΔT 后，来比较两者的效率，从而选择最优方案。③判断装置是否有故障。若一装置可用，但存在故障现象，可使用加权法，以故障率作为条件，将故障信息加权。通过对加权值大小的判断来决定最终的装置投放顺序。④综合利用多元结果断路器是否合闸成功。

图 8-4 为主站厂站之间信息传输流程图，图 8-5 为数据流过程图。其判断依据如下：

（1）开关位置是否合上。

（2）电流 I、有功功率 P、无功功率 Q 对应关系是否合理。

（3）母线上出入是否平衡。

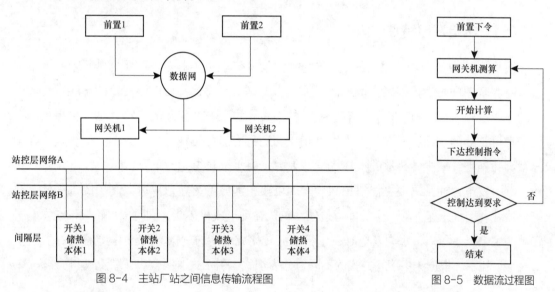

图 8-4 主站厂站之间信息传输流程图

图 8-5 数据流过程图

8.3 本章小结

本文通过协调储能系统与柔性负荷，在面向新能源消纳的电网规划模式下，提出了柔性负荷参与的一种 AGC 的调度控制方法，该方法利用 AGC 方式控制策略，通过建立柔性负荷调峰的调度模型来使能源更好的消纳。结果表明：涵盖电储热的 AGC 能够实现储能装置火电机组共同根据需求调度，保证负荷用电量需求，提高了系统的运行效益，增强了系统对新能源的消纳能力。储热技术原理成熟、应用可靠，有望在现阶段替代一部分传统的取热设备。特别是多台储热装置模数转换远程自动控制的实现，使得储热装置具有较高的经济效益和实用性。从目前社会各界对于生态环境和清洁能源消纳的高关注度看，该技术还将具有显著的社会价值。

9 弃清洁能源序列

随着传统能源的日益枯竭，清洁能源的日益崛起，这种清洁型的发电形式在电力系统中的上网电量也越来越多。清洁能源发电形式的新颖处不仅体现在能源的形式上，而且还体现在能源的转换方式上，这就造成清洁能源发电与传统能源相比体现出了不同的发电特性。

9.1 水电发电特性

天然河流中蕴藏着丰富的水能，这些能量在水流流动过程中不断冲刷河床、挟带泥沙，克服摩擦和阻力，以致分散地消耗掉。水电站就是将这些白白浪费掉的水能转化成电能的工程设施，在此过程中，没有造成水的浪费，也没有产生新的染物，是一种绿色、无污染和可持续的利用方式。与火力发电相比，还具有启停迅速、维护成本低等优点，在国际社会强烈呼吁减少碳排放的大环境下，大力发展水电显得尤为重要。

水力发电，通常需要先修筑挡水坝，用以集中河段的落差形成可以利用的水头储蓄势能，然后利用水急速下降产生的冲力迫使水轮机转动形成机械能，同时，水轮机带动发电机转动产生电能。所以，水力发电是一个将水能转化成电能的过程，只利用水流所含的能量，本身不消耗水。根据集中落差方式的不同，分为坝式、引水式、混合式、潮汐式和水式等。

9.1.1 单个水电站的运行特性

（1）蓄水特性。

集中落差储蓄水能是水力发电的前提，根据当地的地形、地质、水文和技术经济条件的不同，修建的水库的蓄水能力也不同，而这也将直接影响到水电站的出力。保证水电站的出力只是水库的功能之一，它同时兼有防洪、灌溉、供水、航运以及生态环境保护等职能，所以对水库进行科学调度，保持合理的蓄水量显得尤为重要。

水库某时刻的蓄水量与上一时刻蓄水量、发电流量、天然来水量和弃水量密切相关，具体关系可表示为

$$V(t+\Delta t)=V(t)+\left(q(t)-Q(t)-S(t)\right)\cdot\Delta t \qquad (t=1,2,\cdots,T) \qquad (9-1)$$

式中：$V(t+\Delta t)$、$V(t)$ 为 $t+\Delta t$ 和 t 时刻水库的库容；$q(t)$ 为 t 时刻的天然来水流量；$Q(t)$ 为 t 时刻的发电流量；$S(t)$ 为 t 时刻的弃水量。

（2）弃水特性。

流过大坝而没有产生电能的水称为弃水，一般情况下，当水库中的蓄水量达到最大库容时就要弃水，以保证水库的安全运行。造成弃水的原因是多方面的，比如：汛期上游来水较大或者用电低谷时段对电力需求量小，同一电网中水电和火电调度的不合理造成水电站弃水等。

（3）发电功率特性。

水电机组的发电功率是指从发电机端线送出的功率，其计算公式一般表示为

$$N=9.81\eta QH=kQH \tag{9-2}$$

式中：N 为水电机组的发电功率；η 为水轮机、发电机、机组传动设备总效率；k 为发电功率系数；Q 为发电流量；H 为水电站的净水头。

式（9-1）是在充分考虑了水的容重、势能、动能以及水头等因素情况下推导出来的，水电站的效率因水轮机和发电机的类型和参数而不同，且随其工况而改变。一般对大型水电站（$N>300$MW），取 $k=8.5$，对中型水电站（$N=50\sim300$MW），取 $k=8.0\sim8.5$；对小型水电站（$N<500$MW），取 $k=7.5\sim8.0$。根据选定的机组，再合理分析计算出 η 值，并作出修正。

9.1.2 梯级水电站群的运行特性

人们常在落差较大的河流上下游建立多个水电站，这些水电站之间相互协作，共同调节径流，以阶梯状形成水电站群，其水力耦合关系如图 9-1 所示。

与单一的水电站相比，水电站群中的水电站不再是独立的个体，而是相互耦合、相互制约，既提高了水能利用率，又可减少不必要的弃水，下面从几个方面来具体阐述它们之间的联系。

（1）蓄水特性。

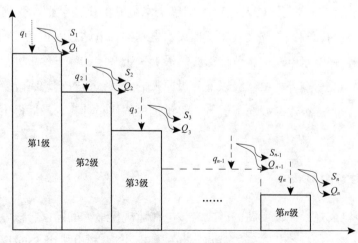

图 9-1　梯级水电站群水力耦合结构

从图 9-1 可以看出，水电站群中的龙头水电站蓄水情况同单个水电站的蓄水情况相同，在某一时段末的蓄水量受到上一时段末的蓄水量、该时段内的天然来水量、水电站的发电流量及弃水量的影响。

对于第 n 级水电站 $n \geq 2$，与龙头水电站不同，还受到上一级水电站的发电流量和弃水量的影响，存在着蓄水量和时间的耦合性。因为上游下泄的水经过一定的时间都会流入下游水电站。所以，除龙头水电站外，其他水电站的蓄水量可以表示为

$$V_i\left(t + \Delta t\right) = V_i\left(t\right) + \left(q_i\left(t\right) - Q_i\left(t\right) - S_i\left(t\right) + Q_{i-1}\left(t - \tau\right) + S_{i-1}\left(t - \tau\right)\right) \cdot \Delta t \quad \left(t = 1, 2, \cdots, T\right) \qquad (9\text{-}3)$$

式中：$V_i(t)$ 为第 i 个水电站 t 时刻的库容；$q_i(t)$ 为第 i 个水电站 t 时刻的天然来水量；$Q_i(t)$ 为第 i 个水电站 t 时刻的发电流量；$S_i(t)$ 为第 i 个水电站 t 时刻的弃水量；τ 为上下游水电站之间的水流时滞。

龙头水库一般具有较大的库容，调节能力强，对下游水电站产生直接或间接的影响。

（2）弃水特性。

单个水电站的弃水没有产生电能，是名副其实的"弃水"，而梯级水电站群中的弃水则不同，只有当最后一级水电站发生弃水时才认为是弃水，因为各级水电站之间存在着紧密的水力和电力联系。一方面，上一级水电站的弃水会流入下一级水电站进行再分配，从而提高下一级水电站的水头，增加水能利用效率；另外一方面，梯级水电站群是一个利益整体，因此可以从全局角度考虑梯级水电站群的弃水策略，即以提高整体的发电效益为目标，在制定发电策略时，有时会在满足上级水电站发电约束的前提下，甚至是在牺牲水能利用率低的水电站的情况下，人为将存储在水库中的水资源下放，如果上级水电站的弃水损失小于下级水电站的效率提升，则这部分弃水就变成了有益弃水，实现了弃水的重复再弃水。

（3）发电功率特性。

梯级水电站群中各水电站的发电功率同单个水电站的出力类似，受到水头、发电流量、库容等多因素的影响，不同之处在于梯级水电站群各电站之间相互影响，存在较强的水力联系。因此，梯级水电站的调节计算应从最上一级开始，往下逐级进行。除最上一级的天然入流过程不受影响外，第二级以下各级原来的天然入流过程均将改变。因此，调节计算从第二级开始，逐级逐时段向下进行入流量过程的修正计算，最后得出各水电站的发电功率。

9.2 核电发电特性

目前我国核电大规模建设发展，已成为核电在建规模最大的国家。核电具有核安全要求高、基建费用高、运行费用较低等特点，我国现有 13 台核电机组（nuclear power plant）

均带基荷满功率运行。然而，随着核电在电网中比重的增长以及负荷峰谷差的日益增大，电力系统调峰形势越来越严峻，对核电机组发电特性分析的需求日益增强。

从 20 世纪 70 年代起，美国、德国、法国、日本等国相继实施了压水堆（Pressurized Water Reactor）、沸水堆、改进型热中子堆等核电堆型的负荷跟踪试验和实际运行。压水堆核电机组已有 40 年的日负荷跟踪运行经验，验证了压水堆的可靠性及日负荷跟踪运行的可行性。中国在建和拟建的核电厂广泛采用新一代核电机组 AP1000，其采用非能动理念设置安全系统和主要设备，具有良好的动态性能。

9.2.1 核电厂负荷跟踪的控制量

在设计上，所有的反应堆都有适当的负荷跟踪能力以满足电网需求。但在实际运行时，负荷跟踪能力受到核安全等方面的一系列限制。通常从反应堆控制系统性能、氙毒、反应堆芯温度不均匀程度和波动幅度、燃料浓度等方面考虑核电机组负荷跟踪的能力。在压水堆的负荷跟踪过程中，可使用的控制量有控制棒位移、硼溶液浓度和堆芯冷却水入口温度变化等。在实际运行中，一般采用控制棒位移和硼溶液浓度作为控制量来实现压水堆的负荷跟踪控制。其中，控制棒控制快速的反应性变化，硼浓度控制慢速的反应性变化。

9.2.2 核电机组功率调节特性

压水堆核电机组功率的快速调节通过调节控制棒的位移来实现。功率调节范围一般设计为 $30\%P_n \sim 100\%P_n$，其受到燃耗水平的影响，寿期末的功率调节范围变小，如图 9-2 所示。

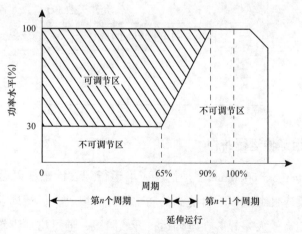

图 9-2　压水堆核电机组的功率运行性能

压水堆核电机组运行于可调节区时，功率调节速率一般为 $\pm 0.2\%P_n/\text{min} \sim \pm 0.3\%P_n/\text{min}$，最高不超过 $\pm 5\%P_n/\text{min}$，且具有 $\pm 10\%P_n$ 的功率阶跃变化能力。因此，当核电机组运行于低功率水平时，具有 $10\%P_n$ 的即时旋转备用，但机组功率不能连续进行阶跃变化和线性变化。

核电机组功率的频繁调节会加剧反应堆压力容器的辐照脆化和冷却剂循环系统、蒸汽供应系统的某些关键金属部件的金属疲劳，可能降低机组设备的寿命。核电机组输出功率的频繁调节对冷却剂压力、体积、硼浓度的控制、蒸汽发生器给水的控制有很高的要求，核电调峰对功率分布会产生不利影响，将经常面临一些困难，如规定时间内抽出功率棒与轴向功率偏差 ΔI 控制的矛盾、温度调节棒棒位限制与 ΔI 控制的矛盾、寿期末硼稀释能力不足与 ΔI 控制的矛盾。因此，核电机组调节功率时，不仅要加强对机组安全性各方面的操作，还要有效控制功率调节的深度和速度，保证核电机组安全运行。

9.2.3 核电机组长期低功率运行特性

核电长期低功率运行（enduring low-power operation，ELPO）是指功率控制棒组全部抽出且运行的功率水平低于基准功率水平，其持续时间大于 12h。在整个 ELPO 运行的过程中，分别以硼化和稀释的方式降低功率和提升功率。ELPO 运行对径向功率分布和核焓升因子的影响可以忽略不计，但 ΔI 控制比较困难。ELPO 运行期间，氙峰在堆芯上部，使堆芯上部的燃耗增大，升功率时氙振荡会使 ΔI 更负。ELPO 运行持续时间越长，ΔI 控制就越难；发生 II 类事故时，容易因芯块与包壳的相互作用而引起包壳破损。因此，对于 ELPO 运行的累计时间一般都有一定的限制，功率运行水平越低，限制天数越短。ELPO 运行的允许天数见表 9-1。

表 9-1　　　　　　　　　　长期低功率运行允许天数

功率水平	允许天数（d）	
	燃耗为 0~14GWd/t（U）	燃耗为 14GWd/t（U）
75%P_n	95	37
50%P_n	37	27

9.2.4 核电机组延伸运行特性

延伸运行（stretch-out operation）是指反应堆运行到设计燃耗以后，依靠慢化剂温度和功率下降提供的反应性继续以尽可能高的功率运行，以延长运行周期。延伸运行的堆芯状态与自然循环相比有较大差异。在延伸运行开始阶段，通过增加汽轮机进汽阀开度增大主蒸汽流量来降低慢化剂温度，之后汽轮机进汽阀保持接近全开状态。同时利用燃料的温度效应，通过降低反应堆功率来增加反应性，使得反应堆继续运行。随着延伸运行的进行，一回路平均温度不断降低，蒸汽发生器的蒸汽压力也不断降低，ΔI 随一回路平均温度降低而向右变化。延伸运行改变了一回路温度与功率对应的运行曲线，亦改变了汽轮机入口蒸汽的品质，对二回路的参数控制造成了影响。因此，延伸运行前应准备好应变计划和操作导则。

9.3 风电发电特性

风力发电作为清洁能源的一种，它与传统的火力、水力发电有许多区别，这也造成了风力发电的一些独有的特性。风力发电机组原动机的能量来源为自然界中风的动能。由于风速的易变性和不可控性，风力发电机组几乎每时每刻都遭受到较大程度的扰动，这种扰动无论对机组本身还是对与之相连的电力系统，都将产生一定程度的影响。风力发电的能源来自于气流变化引起地球表面的风能，所以要研究风力发电的特性，就要先研究风速大小模型。

9.3.1 风速大小模型

在风的移动过程中，既有动能的变化，又有势能的变化。在一定时间和空间范围内，风速的变化具有随机性。为了能够在模拟风速变化时准确地反映出风能的随机性和间歇性的特点，通常用基本风、阵风、渐变风和噪声风这种典型模型来模拟风速变化的时空模型。

（1）基本风模型。

基本风为风电场中平均风速的变化。基本风决定了风力发电机向系统输送的额定功率的大小。一般认为基本风速不随时间变化，因而仿真计算时可以取常数，即

$$v_{WB} = K_b \tag{9-4}$$

式中：v_{WB} 为基本风速，m/s；K_b 为常数，m/s。

（2）阵风模型。

为描述风速突然变化的特性，可用阵风来模拟。风速在突然变化时具有余弦特性，特别是在分析风力发电并网对电网系统的电压波动产生的影响时，通常用它来考核在较大风速变化情况下的电网电压波动特性。在风速变化的过程中，阵风可以反映出风速突然变化的特性，即

$$v_{WG} = \begin{cases} 0 & t < T_{1G} \\ \dfrac{G_{max}}{2}\left[1 - \cos 2\omega\left(\dfrac{t - T_{1G}}{T_G}\right)\right] & T_{1G} \leqslant t \leqslant T_{1G} + T_G \\ 0 & t \geqslant T_{1G} + T_G \end{cases} \tag{9-5}$$

式中：v_{WG} 为阵风风速，m/s；G_{max} 为阵风最大风速，m/s；T_{1G} 为阵风启动时间，s；T_G 为阵风周期，s。

（3）渐变风模型。

渐变风用来描述风速的渐变特性，其变化特性具有线性。

$$
v_{WR} = \begin{cases} 0 & t < T_{1R} \\ R_{\max} \dfrac{t - T_{1R}}{T_{2R} - T_{1R}} & T_{1R} \leqslant t < T_{2R} \\ R_{\max} & T_{2R} \leqslant t < T_{2R} + T_R \\ 0 & t \geqslant T_{2R} + T_R \end{cases}
\tag{9-6}
$$

式中：v_{WR} 为渐变风速，m/s；$R_{\max}$ 为最大渐变风速值，m/s；T_{1R} 为起始时间，s；T_{2R} 为终止时间，s；T_R 为保持时间，s。

（4）随机噪声风模型。

在风速的模拟过程中，风速变化的随机性可以通过随机噪声风速模型来表示

$$
v_{WN} = 2 \sum_{i=1}^{N} \sqrt{S_v(\omega_i) \Delta \omega} \cos(\omega_i t + \varphi_i)
\tag{9-7}
$$

式中：v_{WN} 为随机噪声风速，m/s；ϕ_i 为之间均匀分布的随机变量；$\Delta \omega$ 为随机分量的离散间距；ω_i 为第 i 个分量的圆频率，且有

$$
\omega_i = \left(i - \frac{1}{2}\right) \Delta \omega
$$

$$
S_v(\omega_i) = \frac{2 k_N F^2 |\omega_i|}{\pi^2 \left[1 + \left(\dfrac{F \omega_i}{\mu \pi}\right)^2\right]^{\frac{3}{4}}}
\tag{9-8}
$$

式中：k_N 为地表粗糙系数，一般取值为 0.004；F 为扰动范围；μ 为相对高度的平均风速，m/s。

实际经过风力机上的风速可以表示为

$$
v_W = v_{WB} + v_{WG} + v_{WR} + v_{WN}
\tag{9-9}
$$

9.3.2　风电出力特性

风电具有间歇性，使得风电随机出力既可能增加电网峰谷差，又可能减小峰谷差。如果风电随机出力的变化趋势与系统负荷大致相同，风电并入电网能够使得电网等效峰谷差减小，则称风电的这种特性为正调峰，如图 9-3 所示；相反，如果风电的随机出力变化趋势与系统负荷变化相反，风电并入电网能够增加电网的负荷峰谷差，则称风电具有反调峰特性，如图 9-4 所示；如果风电的出力很平稳，在一定的时段内对电网峰谷差没有什么影响或者影响甚小，则称为风电具有平出力特性。

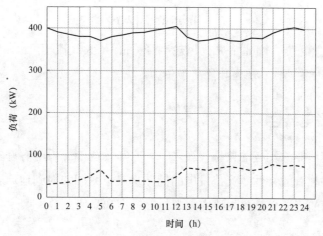

图 9-3　风电机组正调峰特性

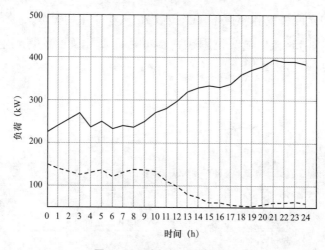

图 9-4　风电机组反调峰特性

风电场的出力几乎每时每刻都在变化，且分布毫无规律，出力较高的时段既可能出现在用电高峰，也可能出现在用电低谷。若高峰负荷时段风电出力较小，低谷负荷时段出力反而较大，则对系统产生反调峰效应。同一风电场不同的日出力曲线差别大，可能波动明显，但是出力比较稳定。

受季风气候影响，风电场功率密度年变化幅度较大，但具有明显的季节性。对于某个区域来讲，由于出力变化具有空间分散和时间互补特性，风电功率变化程度明显减小，区域越广，风电整体出力的变化越小，这种时空特性有利于提高区域风电的装机容量。为了在任意风速时刻都能捕获到最大风能，发电机的转速或电磁转矩必须与风速相匹配。在某一风速下，发电机的转速或电磁转矩过大或过小，风力机都不能捕获到最大功率，这时整个风力发电机组系统的转换效率就会比较低。所以，要使风力发电机组运行在最大出力的工作点上，必须使发电机系统的输出功率与风力机系统的输出功率严格匹配。

风电机组实际能够获得的有用功率输出为

$$P = \frac{1}{2}\pi\rho R^3 v^3 C_\rho(\lambda, \beta) \qquad (9\text{-}10)$$

式中，ρ 为空气密度，kg/m^2；R 为风轮半径，m；v 为气流速度，m/s；$C_\rho(\lambda, \beta)$ 为风能利用系数；λ 为叶尖速比；β 为叶片奖距角。

9.4 光电发电特性

光伏发电是清洁能源发电的典型代表之一，它与传统能源发电有许多区别，这也造成了光伏发电的一些独有的特性。光伏发电的能源来自于太阳辐射到地球表面的太阳能，所以要研究光伏发电的特性，就要先研究太阳位置模型和光伏电池模型。

9.4.1 光伏电池模型

在特定的太阳光照强度和温度下，当负载 R_L 从 0 变化到无穷大时，输出电压范围在 0 到 U_{oc} 之间变化，同时输出电流范围在 I_{sc} 到 0 之间变化，由此得到电池的输出特性曲线，如图 9-5 所示。

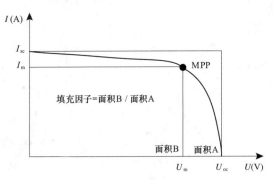

图 9-5 光伏电池的输出特性

由图 9-5 可以看出，在一定的光照强度和温度下，光伏电池输出的电压、电流在一条曲线上移动，输出的功率 P 也在变化。其中，MMP（maximum power point）点处代表了最大输出功率，称为最佳工作点，其对应的电流为最大功率点电流 I_m，对应的电压值为最大功率点电压 U_m，由 I_m 和 U_m 构成的矩形面积也是该曲线所能包揽的最大面积，称为光伏电池的最佳输出功率或最大输出功率，计算式为

$$P_m = I_m U_m = F_F I_{sc} U_{oc} \qquad (9\text{-}11)$$

式中：F_F 为光伏电池的填充因子或曲线因数，是 I_m 和 U_m 构成的矩形面积 B 与 I_{sc} 和 U_{oc} 构成的矩形面积 A 的比值。

光伏电池工作环境的多种外部因素，如光照强度、环境温度、粒子辐射等都会影响电池的性能指标，而且温度的影响和光照强度的影响还常常同时存在。工程用数学模型通常要求仅采用供应商提供的几个重要技术参数，如光伏电池在标准工作状态下的 U_{oc}、I_{sc}、U_m、I_m，就可以在一定的精度下复现阵列的特性，并能便于计算机计算。简化的近似工程用模型为

$$I_{L} = I_{sc}\left[1 - C_{1}\left(e^{\frac{U}{C_{2}U_{oc}}} - 1\right)\right]$$ （9-12）

其中，两个系数 C_1 和 C_2 分别为

$$C_{1} = \left(1 - I_{m}/I_{sc}\right)e^{\frac{U_{m}}{C_{2}U_{oc}}}$$
$$C_{2} = \left(U_{m}/U_{oc} - 1\right)/\ln\left(1 - I_{m}/I_{sc}\right)$$ （9-13）

可见，C_1 和 C_2 的值在已知 U_{oc}、I_{sc}、U_{m}、I_{m} 这四个参数值后可求出，即可得到光伏电池的输出特性曲线。

9.4.2 光伏发电输出特性

温度和光照条件发生改变时，光伏发电系统的输出电压、输出电流也将随环境的变化而改变。光伏发电的输出特性主要受到光照强度、温度两类扰动的影响。光伏发电系统的输出电压和输出电流之间的关系反映了光伏发电系统的特性。光伏电池的 $U\text{-}I$ 特性是指：在环境温度和光照强度一定的条件下，光伏电池的输出端口 U、I 与有功功率之间的特性关系。假定日照辐射强度为 1000W/m^2、光伏电池温度为 $26\,^{\circ}\text{C}$，特性曲线如图9-6和图9-7所示。

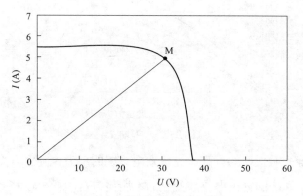

图9-6 光伏发电电流电压特性

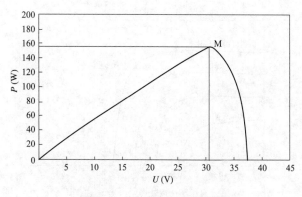

图9-7 光伏发电有功电压特性

　　由图 9-6 和图 9-7 可得，光伏发电系统输出特性具有很明显的非线性。当光伏发电系统输出端口电压较低时，光伏发电系统可以近似等效为输出电流恒定的电流源元件。当光伏发电系统输出端口电压较高时，微弱的光伏输出电压变化会造成强烈的光伏输出电流的变化，极限情况下，光伏发电系统输出电流值突变为零，光伏发电系统可以近似等效为输出电压恒定的电压源元件。光伏发电系统的输出的能量，其数值为光伏发电系统输出电压与光伏发电系统输出电流的乘积，在其输出特性曲线存在最大出力点，在此最大出力点时，光伏发电系统的参考电压为最大功率跟踪控制电压。此特性也验证了光伏发电系统存在最大功率跟踪环节的必要性。

　　在通常情况下，光伏发电系统在光照强度＜1000MW/m² 的自然环境下运行时，光伏发电系统的出力受到光照强度的变化而产生较大的变化。在研究光伏发电系统输出特性时，应考虑光照强度的变化对光伏发电系统输出特性的影响。

　　设定光照强度依次为 400、600、800、1000MW/m² 时，光伏发电系统的 P-U 曲线如图 9-8 所示。

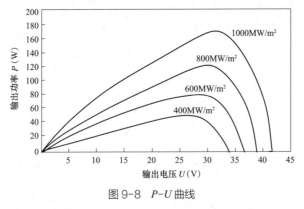

图 9-8　P-U 曲线

　　图 9-8 说明随着光照强度的升高，光伏发电系统的出力也随之升高。但是随着光照强度的升高，光伏发电系统的输出电压却变化的不明显，这时候可以将光伏发电系统等效为输出电压恒定的电压源。

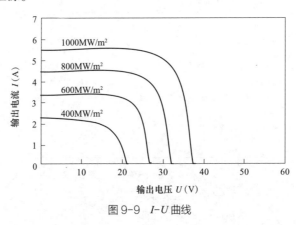

图 9-9　I-U 曲线

由图 9-9 可见，随着光伏发电系统所处自然环境光照的增加，光伏发电系统的输出电流也随之增加，但是光伏发电系统出力转折电压基本不变，可以看出光照强度对光伏发电系统输出电压的影响较小。

9.5 弃清洁能源电网消纳的顺序

9.5.1 弃清洁能源消纳的目标

长期以来，我国清洁能源消纳一直将"弃电"的多少作为重要的评价标准，再结合我国清洁能源发展基数大的特点，虽然"十三五"以来我国清洁能源消纳利用情况在各方共同努力下不断改善，但 2017 年弃水弃风弃光总量仍然超过了 1000 亿 kWh，巨大的"弃电量"似乎已经成为盘旋在我国清洁能源产业上的乌云，挥之不去。再联想到水电、风电、光伏发电的边际成本为零的特点，很容易让人们认为这些"弃电"就是对清洁能源资源的白白浪费，从而得出清洁能源"弃电"是坏事，应该把"弃电"降到最低的结论。

需要指出的是清洁能源消纳的合理目标是一个考虑清洁能源生态环境效益后的全社会成本综合优化的问题。风电、光伏等新能源电源虽然在建成后发电边际成本几乎为零且没有二氧化碳和污染物的排放，但由于其随机性、波动性和低抗干扰能力，加上电力系统要求发电和用电的实时精确平衡，消纳清洁能源会增加电力系统的输送、调节、保障安全等各方面的成本。

要实现百分之百全额消纳清洁能源需要额外付出的系统成本体现在：新能源输电通道的利用率会低于常规电源输电通道，火电深度调峰会增加单位煤耗和设备维护成本，调峰能力不足时需要额外建设储能设施或调峰气电，为适应新能源大规模并网需要额外建设电压频率支撑设备等。这些成本最终都会在全社会用电成本中分摊，需要与清洁能源带来的节能环保效益综合到一起"算大账"。如果允许系统运行过程中舍弃个别时段概率较低的新能源尖峰出力，带来的新建输电通道和调节电源等投资节省大于这部分舍弃清洁能源电量的节能环保效益，这部分弃电是合理的，既实现了"清洁低碳"又兼顾了"安全高效"。

实际上，随着清洁能源在全球范围内的快速发展，欧美等国家的清洁能源也并非是百分之百消纳的，欧洲各国也都有不同程度的弃风弃光，例如德国、英国、爱尔兰等风电装机较多的国家，其风电的弃电率都在 5% 左右，只是在这些国家，清洁能源的百分之百消纳并不是发展的目标，提高清洁能源的占比，以最小的成本早日实现能源的绿色清洁低碳转型才是，因此这一部分"弃电"被认为是合理的，从而避免了过分的宣传解读。

因此科学的清洁能源消纳目标不应"一刀切"地要求所以清洁能源弃电量降至零，而应该是站在全社会的角度去权衡成本和效益，寻找一个满足全社会清洁能源发展需求的最优平衡点。

正确认识新能源的利用率，不盲目以降低"弃电"为目标，不仅能减少不必要的社会成本，更有利于我国清洁能源行业的长远健康发展。现阶段，我国清洁能源利用率稳步提升，"弃电量"和"弃电率"都处于初步下降过程中，但可以预见随着我国清洁能源利用率达到甚至超过国际先进水平，这一下降进程将逐步放缓，特别是随着我国清洁能源产业的发展壮大，我国清洁能源"弃电"的绝对量将长期维持在一个相对较高的数值。若一味追求降低"弃电"，那么现有资源势必会被主要用于解决存量问题，新的清洁能源项目将不能被有效发展。长此以往，看似解决了眼前的清洁能源"弃电"问题，实际上却是因噎废食，阻碍了我国清洁能源行业的健康发展，与我国能源清洁低碳转型的道路背道而驰。

9.5.2 弃清洁能源消纳的顺序

我国长期以来一直以火力发电为主，污染极高。而由于国家政策的影响，清洁能源如光电、风电等迅速发展。但这背后的问题是电网的建设滞后清洁能源的发展，使得就地消纳能力、调峰能力和系统稳定断面约束等问题成为制约多种清洁能源电网消纳的主要屏障。全国各地清洁能源的浪费十分严重，弃风率和弃光率等指标非常高。所以，现阶段进行多种清洁能源电网消纳序列的深入研究是必不可少的。

当用电负荷下降十分严重，尤其是在火电机组已经降到最小出力并且所有的储能设备都投入运行时，用电负荷还在下降，此时只能采取弃清洁能源的方法来调节稳定性以适应电网负荷的变化，使发电测和用电测保持平衡。弃清洁能源时，首先要解决的问题是如何将水电、风电、光电、核电进行排序，实现最经济、最优的弃清洁能源的方案。如果没有一个合理的弃清洁能源的方案，不仅将会造成资源的严重浪费，还会危及人身和财产安全。

通过对上述各清洁能源发电特性的分析可知，弃清洁能源时应该先利用抽水储能电站，减少电能不必要的浪费。其次核电机组应该采用"12-3-6-3"的出力方式，并且根据实际情况设定核电最小出力功率。光伏发电相比于风力发电而言，它的可预测性更强，比较稳定。并且现在的一类至三类资源区光伏电站的标杆上网电价已经调整为每千瓦时 0.65、0.75、0.85，而一类至四类资源区风电的标杆上网电价已经调整为每千瓦时 0.40、0.45、0.49、0.57。光伏电厂发一度电的成本约为 1.1 元，风电厂发一度电的成本约为 0.57 元。所以在用电负荷下降特别严重，抽水储能和调节核电出力方式不能满足用电和发电的平衡时，应该先弃风电再弃光电。如果此时负荷还在下降，再进行合理的弃水限电。水电站的弃水调峰能力主要受自然因素影响，在枯水期水电机组的出力仅有额定功率的 30%，应主要用来参与电网消纳任务以适应电网负荷的平衡，在丰水期应优先安排水电机组发电，避免弃水调峰造成更多的浪费。具体的判断步骤如下：

（1）判定抽水储能机组是否需要参与电网消纳，若满足公式则抽水储能机组参与电网消纳。

$$P_{\min} < P_{1\min} + P_{2\min} + P_{4n} - P_{5\max} - P_{6\max} \quad (9-14)$$

式中：$P_{\min}$ 为电力系统中最低的用电负荷；$P_{1\min}$ 为电力系统中非清洁能源与水电机组可调的最小发电功率之和；P_{2n}、P_{3n}、P_{4n} 分别电力系统中核电、风电、光电机组的额定发电功率；$P_{5\max}$ 为电力系统中电池等消耗电能的最大容量。

（2）判定核电机组是否需要参与电网消纳，若满足下式，则核电机组参与电网消纳。

$$P_{\min} < P_{1\min} + P_{2n} + P_{3n} + P_{4n} - P_{5\max} - P_{6\max} \quad (9-15)$$

式中：$P_{6\max}$ 为电力系统中抽水储能消耗的最大电量。

（3）判定风电机组是否需要参与电网消纳，若满足下式，则风电机组参与电网消纳。

$$P_{\min} < P_{1\min} + P_{2\min} + P_{3n} + P_{4n} - P_{5\max} - P_{6\max} \quad (9-16)$$

式中：$P_{2\min}$ 为电力系统中核电机组可调的最小发电功率。

（4）判定光电机组是否需要参与电网消纳，若满足下式，则光电机组参与电网消纳。

$$P_{\min} < P_{1\min} + P_{2\min} + P_{4n} - P_{5\max} - P_{6\max} \quad (9-17)$$

所以在保证安全性和经济性的前提下，最优的弃清洁能源排序如图9-10所示。

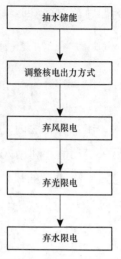

图 9-10　弃清洁能源顺序图

9.5.3　弃清洁能源策略

9.5.3.1　水电站动态弃水限电策略

该策略建立梯级水电站的动态弃水模型，以此为基础建立调度期内发电量最大、年调节或季调节水库末蓄水量最大、日调节水库末蓄水量偏差平方和最小、总耗水量最小及末级水电站弃水量最小的多目标短期优化调度模型。

（1）水电站动态弃水模型。

1）协调条件。

若 H 为水电站发电净水头，Q 为发电流量，η 为水能到电能的转化效率，则在 t_0-t_1 时段内水电站生产的电能可表示为

$$W = \int_{t_0}^{t_1} 9.81\eta QH \mathrm{d}t \quad (9-18)$$

设 ΔH 为水电站的水头损失。对于已建水电站，水头损失 ΔH 主要与发电流量 Q 的大小有关，Q 越大，ΔH 的值就越大，它们之间的关系一般呈非线性，通常可采用二次函数进行描述，β_0、β_1、β_2 为水头损失的拟合系数，则 ΔH 可表示为

$$\Delta H = \beta_0 Q^2 + \beta_1 Q + \beta_2 \quad (9-19)$$

设 Q_1 为水电站的入库流量，函数 $H_z(Q_1, Q)$ 表示水电站总水头，则水电站的发电净水头可表示为

$$H = H_Z(Q_1, Q) - \left(\beta_0 Q^2 + \beta_1 Q + \beta_2\right) \qquad (9\text{-}20)$$

根据式（9-18）和式（9-20），水电站生产的电能可表示为

$$W = \int_{t_0}^{t_1} 9.81 \eta Q \left[H_Z(Q_1, Q) - \left(\beta_0 Q^2 + \beta_1 Q + \beta_2\right)\right] \mathrm{d}t \qquad (9\text{-}21)$$

在 $t_0 - t_1$ 时段内水电站要获得最大的发电量，需满足 W 对入库流量 Q_1 及发电流量 Q 的偏导数为 0，即

$$\frac{\partial W}{\partial Q_1} = \int_{t_0}^{t_1} 9.81 \eta Q \frac{\partial H_Z}{\partial Q_1} \mathrm{d}t = 0 \qquad (9\text{-}22)$$

$$\frac{\partial W}{\partial Q} = \int_{t_0}^{t_1} 9.81 \eta \left\{ H_Z(Q_1, Q) - \left(\beta_0 Q^2 + \beta_1 Q + \beta_2\right) + Q\left[\frac{\partial H_Z}{\partial Q_1} - \left(2\beta_0 Q + \beta_1\right)\right] \right\} \mathrm{d}t = 0 \qquad (9\text{-}23)$$

在 $t_0 - t_1$ 时段内，水电站入库流量和出库流量都处在持续的变化之中，因此总水头 H_Z 是一变动值，利用式（9-22）和式（9-23）推导出水电站获得最大发电量时的总水头 H_Z 与发电流量 Q 的最佳协调关系比较复杂。实际应用中，通常采用时段的平均水头来代替瞬时水头，即认为在 $t_0 - t_1$ 时段内总水头 H_Z 为一恒定值，由此可得式为一恒等式，则变为

$$\frac{\partial W}{\partial Q} = \int_{t_0}^{t_1} 9.81 \eta \left\{ H_Z(Q_1, Q) - \left(3\beta_0 Q^2 + 2\beta_1 Q + \beta_2\right) \right\} \mathrm{d}t = 0 \qquad (9\text{-}24)$$

由式（9-24）即可得到发电总水头 H_Z 与发电流量 Q 的最佳协调关系为

$$Q = \frac{-\beta_1 + \sqrt{\beta_1^2 - 3\beta_0\left(\beta_2 - H_Z\right)}}{3\beta_0} \qquad (9\text{-}25)$$

式（9-25）表示的物理意义为，在固定总水头 H_Z 下有一个最佳发电流量 Q 与该水头相对应，可使水电站获得最大的机组发电功率。

2）动态弃水模型。

图 9-11 为某水电机组输出功率、水头、水头损失与发电流量的关系，Q_{opt} 为由式（9-25）确定的机组获得最大输出功率 Q_{opt} 时的发电流量，$Q_{\max}$ 为机组最大过机流量，即允许的最大发电流量。

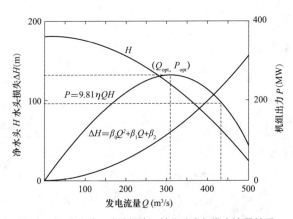

图 9-11　净水头、水头损失、输出功率与发电流量关系

目前通常所采用的弃水策略是以 $Q_{\max}$ 为最大发电流量极限,当入库流量 $Q_1 > Q_{\max}$ 且水库水位达到设定上限时产生弃水。该弃水策略的目的就是尽量减少水电站的弃水,使较多的水存储到水库中。由图 9-11 可知,以 $Q_{\max}$ 作为发电流量极限时机组的输出功率并不是最大的,原因在于:这种情况下,虽然发电流量 Q 比最佳发电流量 Q_{opt} 大,但由于水头损失 ΔH 过大,水电站机组出力反而减少。因此,静态弃水策略存在着明显不足,没有真正实现水资源的合理利用,该情况下以 Q_{opt} 为水电站弃水界限更为合理。Q_{opt} 随发电流量 Q 的变化而处在动态的变化之中,在某些情况下会出现 $Q_{\mathrm{opt}} > Q_{\max}$,此时仍需采用 $Q_{\max}$ 作为弃水界限。综上所述,在新的弃水策略下,水电站弃水界限随时间及发电流量的变化处在动态变化之中,因此,称该弃水策略为动态弃水策略。Z 为水库的蓄水水位,$Z_{\max}$ 为水电站水库允许的最高蓄水水位,则单一水电站的弃水条件为

$$\begin{cases} Q_1 > \min\left(Q_{\mathrm{opt}}, Q_{\max}\right) \\ Z > Z_{\max} \end{cases} \tag{9-26}$$

对于梯级水电站而言,需要对弃水条件进行修改。若 ΔP_{u} 为某水电站输出功率的变化量,ΔP_{d} 为与之相邻的下游水电站输出功率的变化量,若水电站产生弃水时其输出功率的减少量 ΔP_{u} 小于下游相邻水电站输出功率的增加量 ΔP_{d},则水电站需要产生弃水,若 Q_0 表示出库流量,则水电站弃水流量 S 为

$$S = Q_0 - \min\left(Q_{\mathrm{opt}}, Q_{\max}\right) \tag{9-27}$$

在梯级水电站优化调度中同时采用单一水电站弃水条件、整体弃水条件,可有效兼顾局部和整体利益,提高水电站运行的综合经济性。

（2）水电站多目标短期优化调度策略。

1）目标函数。

a）发电量最大。在考虑水库一天来水情况下,充分发挥水电站的发电效益,以实现一天调度期内梯级水电站总发电量最大,构造的目标函数为

$$f_1 = \max \sum_{n=1}^{N} \sum_{t=1}^{T} \sum_{l=1}^{L_n} 9.81\eta_{n,l} Q_{n,l,t} H_{n,l,t} \Delta t \tag{9-28}$$

式中:N 为梯级水电站总数;T 为调度时段总数;L_n 为水电站 n 的机组总数;$\eta_{n,l}$ 为水电站 n 机组 l 的发电效率;$Q_{n,l,t}$ 为水电站 n 机组 l 在时段 t 的发电流量;$H_{n,l,t}$ 为水电站 n 机组 l 在时段 t 的发电净水头;Δt 为单时段小时数。

b）年调节或季调节水库末蓄水量最大。

对具有中长期调节性质的水库,因其调节周期长,在短期优化调度中除发挥其发电效益外,其中一个重要功能就是根据来水情况尽可能存储较多的水,以满足未来时期用水的需要,其目标函数为

$$f_2 = \max \sum_{n_0=1}^{N_0} V_{n_0,\text{end}} \qquad (9\text{-}29)$$

式中：N_0 为具有年调节或季调节性质的梯级水电站总数；$V_{n_0,\text{end}}$ 为第 n_0 个年调节或季调节性质的水电站水库在调度期末的蓄水量。

c）日调节水库末蓄水量偏差平方和最小。

对于日调节水电站，在调度周期末期望其蓄水量恢复到水库的初始状态，但因有时水库来水短缺或充足，在各种约束条件共同作用下很难达到上述目标。因此，期望在调度期末与期望的末蓄水量偏差平方和越小越好，其目标函数为

$$f_3 = \max \omega_{n_d} \sum_{n_d=1}^{N_d} \left(V_{n_d,\text{end}} - V_{n_d,\text{exp}} \right)^2 \qquad (9\text{-}30)$$

式中：ω_{nd} 为权重系数；N_d 为具有日调节性质的梯级水电站总数；$V_{n_d,\text{end}}$ 为第 n_d 个日调节性质的水库在调度期末的蓄水量；$V_{n_d,\text{exp}}$ 为第 n_d 个日调节性质的水库在调度期末的期望蓄水量。

d）总耗水量最小。

为提高水资源利用率，达到节约水资源及实现其可持续利用的目的，在获得最大发电量的同时，希望调度周期内用水最小，其目标函数为

$$f_4 = \min \sum_{n=1}^{N} \sum_{t=1}^{T} \sum_{l=1}^{L_n} Q_{n,l,t} \Delta t \qquad (9\text{-}31)$$

e）末级水电站弃水量最小。

将梯级水电站看作一个整体，只要末级水电站不产生弃水就认为梯级水电站没有弃水产生。为实现水资源在梯级水电站内的高效利用，期望末级水电站不产生弃水或弃水最少，若 $S_{\text{end},l}$ 表示末级水电站在 t 时段内的弃水流量，则构建的目标函数为

$$f_5 = \min \sum_{t=1}^{T} S_{\text{end},t} \Delta t \qquad (9\text{-}32)$$

2）约束条件。

a）水量平衡约束为

$$V_{n,t+1} = V_{n,t} + q_{n,t} + \sum_{l}^{L_{n,u}} \left(Q_{n,u,l,t-\tau} \right) + S_{n,u,t-\tau} - \sum_{l}^{L_n} \left(Q_{n,l,t} \right) - S_{n,t} \qquad (9\text{-}33)$$

式中：$V_{n,t}$、$V_{n,t+1}$ 分别为水电站 n 在 $t+1$ 时段的水库初末蓄水量；$S_{n,t}$ 为水电站 n 在时段 t 的弃水流量；$L_{n,u}$ 为水电站 n 的上级水电站 u 的发电机组总数；$Q_{n,u,l,t-\tau}$ 为水电站 n 的上级水电站 u 的机组 l 在 $_{t}\tau$ 时段的发电流量；$S_{n,u,t-\tau}$ 为水电站 n 的上级水电站 u 在 t-τ 时段的弃水流量；τ 为时滞系数。

b）机组发电流量约束为

$$Q_{n,l,\min} \leqslant Q_{n,l,t} \leqslant Q_{n,l,\max} \tag{9-34}$$

式中：$Q_{n,l,\min}$、$Q_{n,l,\max}$ 分别为水电站 n 的机组 l 允许的最小最大发电流量。

c）弃水流量约束为

$$S_{n,t} \geqslant 0 \tag{9-35}$$

d）蓄水量约束为

$$V_{n,\min} \leqslant V_{n,t} \leqslant V_{n,\max} \tag{9-36}$$

式中：$V_{n,\min}$、$V_{n,\max}$ 分别为水电站 n 允许的水库最小最大蓄水量。

e）机组输出功率约束为

$$p_{n,l,\min} \leqslant p_{n,l,t} \leqslant p_{n,l,\max} \tag{9-37}$$

式中：$p_{n,l,t}$ 为水电站 n 的机组 l 在时段 t 的输出功率；$p_{n,l,\min}$、$p_{n,l,\max}$ 分别为水电站 n 的机组 l 允许的最小最大输出功率。

f）水头约束为

$$H_{n,l,\min} \leqslant H_{n,l,t} \leqslant H_{n,l,\max} \tag{9-38}$$

式中：$H_{n,l,\min}$、$H_{n,l,\max}$ 分别为水电站 n 的机组 l 允许的最小最大水头。

以最佳协调条件为基础提出的动态弃水策略，可以使水电站通过弃水的方式改变梯级水电站水库的动态蓄水规律，实现水资源在梯级水电站间的再分配，有利于实现水资源的可持续高效利用及提高水电站综合运行的经济性。

9.5.3.2 考虑电价差异的弃风限电策略

基于风电存在弃风限电以及不同电价的情况，提出一种最大化风电场收益的控制策略。在风电场自动发电控制系统和不同机群能量管理系统之间搭建一套协调控制系统。该协调控制系统基于不同机群的上网电价，考虑机群最大发电能力，将发电指标合理分配给不同机群，在保证机组运行可靠、安全的前提下让电价高的机组优先发电，让电价低的机组满足最小运行负荷，从而实现收益最大化。

（1）系统原理。

风电场一般分期建设，完全建成后大多存在多种机组，形成多个机群。由于政策的不同造成各个机群的上网电价存在差异。调度充分利用自动发电控制（automatic generation control，AGC）在大规模并网条件下进行跨区协调控制，但对于传送给风电场的 AGC 指令未考虑场内存在的可优化空间。电网调度系统发送有功指令给风电场 AGC 系统后，AGC 系统一般以装机容量占比的方式将有功指令分摊发送给不同的机群，如图 9-12 中虚线所示。在不限电的情况下，各个机组均以最大出力完成发电计划。在限电的情况下，各个机群虽然按指令完成了发电计划，但电价高的机群不能充分利用优势，不能发挥最大经济效益。提出一种在弃风限电的前提下，如何实现经济效益最大化，所提控制策略的原理如图 9-12 所示。在 AGC 系统和不同机群厂家能量管理系统（energy management system，EMS）

之间搭建一套协调控制系统（见图9-12所示实线），在AGC指令分配满足调度考核要求的前提下，基于不同电价差异以及不同机群发电能力的情况，优化分配机群发电功率，从而在总负荷目标一定的情况，使风电场的经济收益最大化。

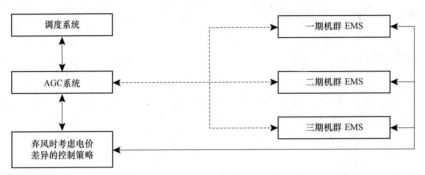

图9-12 控制策略原理

（2）控制策略。

控制策略的计算流程是首先采用流体力学的计算方法将测风塔风速外推至每台风机轮毂处，建立各台风机机头风速传递函数。外推风速转化函数为

$$v_W = f\left(V_t, k_1, k_2, \cdots, k_n\right) \tag{9-39}$$

式中：v_W 为由测风塔外推至风机轮毂高度处的风速；v_t 为测风塔实测风速；k_1, k_2, …, k_n 为影响因子（地形、粗糙度、尾流效应、故障情况等）；f 为传递函数。

通过外推风速和机头历史风速修正风机机头风速数据，剔除因检修、故障及电网限电因素导致的非正常风机数据，计算正常发电的每台风机的理论功率，通过求和计算出机群最大、最小发电能力和风电场理论功率。

其次，根据最大发电功率对机群的发电功率进行分配。

$$P_i = P_z \gamma_i \tag{9-40}$$

式中：P_i 为机群 i 被分配的发电功率；P_z 为 AGC 接收到的调度总有功；γ_i 为机群 i 的有功分配系数，且 $\sum_{i=1}^{n} \gamma_i = 1$。

理论上来说，发电功率控制优先考虑电价高的机群，但是考虑到风机负荷的相对均衡性，需要对机组进行最小发电功率限制，当负荷指令过小时，可以有效避免电价低机群停机或长期低负荷运行造成的损耗过大。基于上述考虑，首先按照电价高低对机群进行排名，有以下两种情形：

1）若 $P_z > \sum_{i=1}^{n} P_{in}$，在满足最小发电功率限制后，逐级按照电价高低排名满足不同机群最大出力，由此确定 γ_i。

2）若 $P_z < \sum_{i=1}^{n} P_{in}$ 则取电价与最小发电功率的加权值确定 γ_i，即

$$\gamma_i = D_i P_{in} / \left(\sum_{i=1}^{n} D_i P_{in} \right) \tag{9-41}$$

式中：D_i 为机群 i 的电价 P_{in} 为机群 i 的发电功率下限。

9.5.3.3 基于层次分析法的弃风光限电策略

当风光电源以高比例接入电网时会不可避免地出现弃风、弃光问题。由于当前电网中风光电源场站通常归属于不同的利益个体，电网调度部门在兼顾各方个体利益的前提下，如何做出合理的弃风、弃光决策是个不可回避的问题。

对高比例风光电源接入电网时产生的弃风、弃光问题进行了限电策略研究，建立了以发电成本最小为目标的调度模型；基于发电效率、装机容量、电能质量、单位成本、政策补贴和地理位置 6 个评估指标，采用层次分析法评估出各风光电站的重要性综合指标并且基于限电策略给出了系统最优限电方案。

1. 数学模型

高渗透风光电站下电力系统在调度中会出现因消纳过剩执行弃电的问题，因此调度过程中应同时考虑调度成本和弃电分配问题。

（1）目标函数。

目标函数以发电成本最小化为目标，具体包括火电机组的运行费用和风光限电成本，其计算式为

$$\min F = \sum_{t=1}^{T} \left(f_G(t) + f_{\text{limit}}(t) \right) \tag{9-42}$$

式中：F 为调度周期内的发电总成本 T 为调度周期时段数；$f_G(t)$ 为 t 时段火电机组运行成本（$t=1$，2，$\cdots$，T），括燃料和开停机成本；$f_{\text{limit}}(t)$ 为 t 时段风光电站限电成本，其计算式为

$$f_{\text{limit}}(t) = \sum_{i=1}^{N_1} \lambda_{1,i} P_{W,\text{limit},i}(t) + \sum_{j=1}^{N_2} \lambda_{2,j} P_{PV,\text{limit},j}(t) \tag{9-43}$$

式中：N_1 为风电场个数；N_2 为光伏电站个数；$\lambda_{1,i}$ 和 $\lambda_{2,j}$ 分别为风电场 i 和光伏电站 j 的限电成本系数，元／（MW·h）；$P_{W,\text{limit},i}(t)$ 为 t 时刻风电场 i 限电功率；$P_{PV,\text{limit},j}(t)$ 为 t 时刻光伏电站 j 限电功率。

（2）约束条件。

功率平衡约束：

$$\sum_{k=1}^{N_3} P_{G,k}(t) + \sum_{i=1}^{N_1} \left(P_{W,i}(t) - P_{W,\text{limit},i}(t) \right) +$$
$$\sum_{j=1}^{N_2} \left(P_{PV,j}(t) - P_{PV,\text{limit},j}(t) \right) - P_{load}(t) - P_{loss}(t) = 0 \tag{9-44}$$

系统备用约束：

$$\begin{cases} \sum_{k=1}^{N_3} \min\left\{ P_{G,k,\max} - P_{G,k}(t), \Delta P_k \right\} \geqslant S_{u,t} \\ \sum_{k=1}^{N_3} \min\left\{ P_{G,k}(t) - P_{G,k,\max}, \Delta P_k \right\} \geqslant S_{d,t} \end{cases} \tag{9-45}$$

机组爬坡约束：

$$-\Delta P_k \leqslant P_{G,k}(t) - P_{G,k}(t-1) \leqslant \Delta P_k \tag{9-46}$$

出力约束：

$$P_{G,k,\min} \leqslant P_{G,k}(t) \leqslant P_{G,k,\max} \tag{9-47}$$

启停时间约束：

$$\begin{cases} \left(T_{k,t-1,\text{on}} - T_{k,\text{on}} \right)\left(I_{k,t-1} - I_{k,t} \right) \geqslant 0 \\ \left(T_{k,t-1,\text{off}} - T_{k,\text{off}} \right)\left(I_{k,t-1} - I_{k,t} \right) \geqslant 0 \end{cases} \tag{9-48}$$

限电量约束：

$$\begin{cases} 0 \leqslant P_{W,\text{limit},i}(t) \leqslant P_{W,j}(t) \\ 0 \leqslant P_{PV,\text{limit},j}(t) \leqslant P_{PV,j}(t) \end{cases} \tag{9-49}$$

式中：N_3 为火电机组数；$P_{G,k}(t)$ 为 t 时刻火电机组 k 发电功率；$P_{W,l}(t)$ 为 t 时刻风电场 i 预测功率；$P_{PV,j}(t)$ 为 t 时刻光伏电站 j 预测功率；$P_{load}(t)$ 为 t 时刻负荷功率；$P_{loss}(t)$ 为 t 时段网损功率；$P_{G,k,\max}(t)$ 和 $P_{G,k,\min}(t)$ 分别为 t 时段火电机组 k 最大和最小技术发电功率；$S_{u,t}$ 和 $S_{d,t}$ 分别为 t 时段系统最小上调和下调备用容量；ΔP_k 为单位时间尺度内的火电机组 k 的爬坡率；$P_{G,k,\max}$ 和 $P_{G,k,\min}$ 分别为机组 k 的最大和最小技术出力；$I_{k,t}$ 为 t 时段火电机组 k 启停状态取值 0 或 1（0 表示停机，1 表示开机）；$T_{k,t-1,\text{on}}$ 和 $T_{k,t-1,\text{off}}$ 分别为机组 k 到 $t-1$ 时刻连续开机时间和停机时间；$T_{k,\text{on}}$ 和 $T_{k,\text{off}}$ 分别为机组 k 的最小连续开机、停机时间。

2. 数学模型弃电系数综合评估体系

评估风光电站限电系数需综合考虑多目标、多因素，通过层次分析法从风光电站的发电效率、装机容量、输出电能质量、单位成本、政策补贴以及地理位置 6 个因素来综合评估各风光电站的综合权重，再根据综合权重确定各电站的弃电系数，即

$$\lambda_i = \frac{\sigma_i}{\sigma_{\text{ref}}} \lambda_{\text{ref}} \tag{9-50}$$

式中：σ_i 为电站 i 的综合权重；λ_{ref} 为参考电站的弃电系数；σ_{ref} 为参考电站的综合权重。

（1）准则评估指标。

a）发电效率 η 是评估风光电站限电系数的因素之一，通过风光发电效率评估各电站重要性，发电效率越高电站越重要。

b）在实际情况中，装机容量 P_{cap}（MW）会对弃电指令的可执行性产生较大影响，如同等限电量指令下装机容量大的电站限电之后仍然能够正常运行，而装机容量小的电站则可能导致整个电站都会从电网切除。因此，从可执行性角度考虑，容量越大的风光电站越优先弃电。

c）风光电站的电能输出质量对电网有重要影响，因此有必要将其作为评估弃电系数的因素之一。

d）单位成本 C [元 /（kWh）] 能够反映新能源发电企业建设风光电站的投入与产出情况，为了促进新能源企业公平竞争，进一步降低发电成本，拟对单位成本越高的风光电站优先限电。

e）风光发电产业属于新能源产业，除了享受标杆价格政策外，一些电站还可能享有其他不同程度的政府政策补贴 [P_{sub}，元 /（kWh）]，为了防止顾此失彼的现象，拟安排补贴价格较高的电站优先限电。

f）一般而言，新能源电站所处的地理位置存在不同程度的经济价值，最明显的表现是级差地租的存在。经济价值越高，其越重要，若对其弃电则产生的损失就会更大，为此安排地理位置经济价值越低的风光电站优先弃电。

（2）计算指标权重。

层次分析法是将与决策总是有关的元素分解成目标、准则和方案等层次，在此基础上进行定性和定量分析的决策方法。其特点是在对复杂的决策问题的本质、影响因素及其内在关系等进行深入分析的基础上，利用较少的定量信息使决策的思维过程数学化，从而为多目标、多准则或无结构特性的复杂决策问题提供简便的决策方法。根据采用层次分析法对 6 个风光电站的弃电系数评估体系如图 9-13 所示。

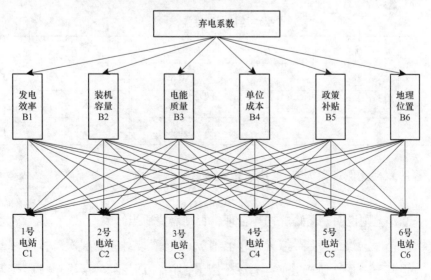

图 9-13　限电系数层次结构

该评估体系共分为目标、准则和方案 3 层。第 1 层为目标层，以所有风光电站限电系数为目标；第 2 层是准则层，包括 6 个评估指标；第 3 层是方案层，对应各个风光电站。评估风光限电系数需确定各评估指标在层次分析法中的权重，通过构建评估指标的判断矩阵，并做一致性校验，然后计算判断矩阵的特征向量并做归一化处理，就可得到指标权重向量。

层次分析法处理流程如下：

a）构造判断矩阵。判断矩阵定义为

$$J = \left(q_{ij}\right)_{n\times n} = \begin{bmatrix} q_{11} & q_{12} & \cdots & q_{1n} \\ q_{21} & q_{22} & \cdots & q_{2n} \\ \vdots & \vdots & \ddots & \vdots \\ q_{n1} & q_{n2} & \cdots & q_{nn} \end{bmatrix} \tag{9-51}$$

式中：n 为指标个数；q_{ij} 表示指标 xi 和 xj 相比的重要性标度，当 $i=j$ 时，$q_{ij}=1$，当 $i\neq j$ 时，$q_{ij}=1/q_{ji}$。

b）层次单排序。对判断矩阵 J 的最大特征值向量 $W = \left(w_1, w_2, \cdots, w_n\right)^T$ 归一化即可得到同一层次相应元素对于上一层次某因素相对重要性的排序权值。此时 $q_{ij} = w_i / w_j$，$\forall i, j = 1, 2, \cdots, n$。

c）一致性检验。进行一致性检验，首先要求计算 J 的一致性指标 β_{CI}，定义为

$$\beta_{CI} = \frac{\lambda_{max} - n}{n-1} \tag{9-52}$$

式中：λ_{max} 为 J 的最大特征值。

d）查找平均随机一致性指标 β_{RI}。平均一致性指标只与阶数有关，阶数为 9 时对应的平均随机一致性指标见表 9-2。

表 9-2　　　　　　　　　　　平均随机一致性指标

n	β_{RI}	n	β_{RI}	n	β_{RI}
1	0	4	0.89	7	1.32
2	0	5	1.12	8	1.41
3	0.58	6	1.24	9	1.46

e）计算一致性比例定义为 β_{CR}，β_{CR} 定义为

$$\beta_{CR} = \beta_{CI} / \beta_{RI} \tag{9-53}$$

若 $\beta_{CR} < 0.10$，则说明判断矩阵构建合理，否则需要适当修改。

f）层次总排序。设上一层次（A 层）含有 m 个元素，对应的层次总排序权重分别为 $a_1, a_2, \cdots, a_m$；设其下一层次（B 层）含有 n 个因素，它们关于 A_j 的层次单排序权重分别为

$b_{1j}, b_{2j}, \cdots, b_{nj}$（若 B_i 与 A_j 无关联，则 $b_{ij}=0$），则可按下式计算 B 层各因素关于总目标的层次总排序权重，即

$$b_i = \sum_{j=1}^{m} b_{ij} a_j, i = 1, \cdots, n \qquad (9-54)$$

通过上述方法可得到最终的方案层的排序权值向量 $(c_1, c_2, \cdots, c_f)$，其中 $c_k(k = 1, 2, \cdots, f$ 为因子总数）为权值因子，各权值因子乘以基准限电系数 λ_0 便可得到最终弃电系数 $\lambda_1, \lambda_2, \cdots \lambda_f$。

基于层次分析法的限电策略研究对新能源限电分配有重要影响；通过考虑限电策略研究各电站在不同的准则层、方案层的影响权重以及指标增幅下的限电量变化也会呈现差异；各风光电站利益个体可根据这个的限电方法改进自身相对不足的评估指标值，以减少限电损失。

9.5.3.4 核电参与电网调峰的弃核限电策略

（1）日负荷跟踪运行策略。

考虑到调峰的深度和速度限制，压水堆核电机组可采用"12-3-6-3"的方式和最大50%的深度参与电网日调峰运行，即每日 12h 满功率运行，3h 降功率，在低功率水平连续运行 6h，再以 3h 升功率至满功率稳定运行。第三代核电机组 AP1000、EPR 等具有更优越的性能，可以在整个寿期前段 90% 的时间内，按"15-1-7-1"的方式参与电网调峰运行，即降功率和升功率均在 1h 内完成。典型的核电机组日负荷跟踪模式如图 9-14 所示。该出力方式比较符合电网负荷变化趋势，核电机组出力调节速度也较小。调峰的深度、速度和时间由电网和核电厂根据实际情况确定。

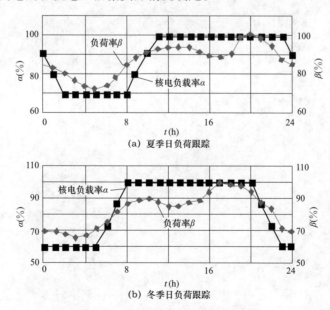

图 9-14 典型核电机组日负荷跟踪模式

（2）周调峰运行策略。

压水堆核电机组能以长期低功率运行方式参与电网周调峰。我国大亚湾核电厂曾有在节日、周末和台风过境期间降低功率至 760MW 运行 2~3d 的运行方式，但是该运行方式累计天数和次数受到限制。

（3）年运行策略。

结合电网年负荷特性，充分做好检修计划，采用机组长短周期交替及延伸运行的方法合理安排机组大修停机窗口，避开电网负荷高峰期。

法国的典型年负荷特性曲线与核电机组投运台数曲线如图 9-15 所示。

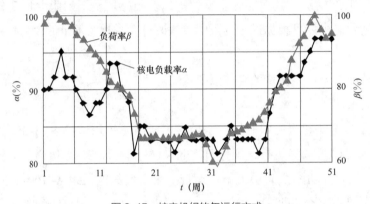

图 9-15 核电机组的年运行方式

由图 9-15 可知，核电投运率与负荷率曲线变化趋势基本一致。负荷低谷期，核电机组停运台数多；负荷高峰期，核电停运台数少。通过核电停机窗口的合理安排，实现了年负荷跟踪。

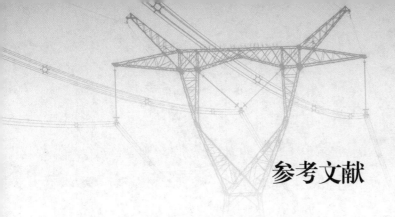

参考文献

[1] 郑乐，胡伟，陆秋瑜，et al. 储能系统用于提高风电接入的规划和运行综合优化模型 [J]. 中国电机工程学报，2014，34（16）：2533-2543.

[2] 谭绍杰. 储能电源参与含风电的电力系统 AGC 的应用研究 [D]. 2015.

[3] 黄亚唯，李欣然，黄际元，et al. 电池储能电源参与 AGC 的控制方式分析 [J]. 电力系统及其自动化学报，2017（3）.

[4] 颜廷鑫，刘光晔，谢冬冬. 基于神经网络的法向阻抗模裕度快速计算方法 [J]. 电网技术，2016，40（8）：2389-2394.

[5] 孙彬，潘学萍，吴峰，等. 基于 Well-Being 理论的风储混合电力系统充裕度评估 [J]. 电网技术，2016，40（5）：1363-1370.

[6] Kasis A, Devane E, Spanias C, et al. Primary frequency regulation with load-side participation Part I: stability and optimality[J]. IEEE Transactions on Power Systems, 2016, PP（99）：1-1.

[7] 程丽敏，李兴源. 多区域交直流互联系统的频率稳定控制 [J]. 电力系统保护与控制，2011，39（7）：56-62.

[8] 于达仁，郭钰锋. 一次调频的随机过程分析 [C]// 中国电机工程学会青年学术会议. 2000.

[9] 于达仁，毛志伟，徐基豫. 汽轮发电机组的一次调频动态特性 [J]. 中国电机工程学报，1996（4）：221-225.

[10] 戴义平，赵婷，高林. 发电机组参与电网一次调频的特性研究 [J]. 中国电力，2006，39（11）：37-41.

[11] 舒印彪，张智刚，郭剑波，等. 新能源消纳关键因素分析及解决措施研究 [J]. 中国电机工程学报，2017，37（1）：1-8.

[12] 王振浩，杨璐，田春光，等. 考虑风电消纳的风电 - 电储能 - 蓄热式电锅炉联合系统能量优化 [J]. 中国电机工程学报，2017，37（S1）：137-143.

[13] 刘伟. 新能源风力发电特性的研究及数据分析系统的设计 [D]. 华北电力大学，2013.

[14] Ge W, Liu T, Liu Q, et al. In-Depth Study of a Variety of Clean Energy Grid Consumption Sequences[C]. 2018 Ninth International Conference on Intelligent Control and Information Processing (ICICIP). IEEE, 2018：199-203.